創意力

你的問題，用創意來解決

Humble yourself before Creativity

盧建彰
Kurt Lu

CONTENTS

HUMBLE
YOURSELF
BEFORE
CREATIVITY

各界好評

創意不僅是種能力，更是面對生命的態度。翻閱《創意力》時，我完全停不下來。坊間一般著重創意方法論的書，影響的是我的腦；Kurt 則帶我們從人生體驗看創意，再從創意回看人生使命，這是更為深刻的視角，產生共鳴的是我的心。身為人，想感受有意義的活著，我們都需要創意。這本書，將引導我們去品嘗、領會真正的創意，與你分享！

——呂冠緯／均一平台教育基金會董事長兼執行長

創意的原點從觀察身邊在意的事物開始。你努力感受世界，世界就會幫你給人感受。Kurt 用簡單、輕鬆的方式解除大家對創意的恐懼。生活中製造小驚喜需要創意力，台灣電子業轉型需要創意力，面對比我們技術更強、資源更多的對手也只能靠創意力。創意，跳脫舒適圈，多嘗試，去感受，做就對了。是的，你、我都能有創意力。

——宋明峰／光寶科技智能生活與應用事業群執行長

做政治文宣和做商品廣告一樣，都想用不同的創意說好一個故事。要讓消費者或民眾站在你這邊，你必須先和他們站在一起。網路時代，點擊容易，記憶很難。創意，要「有敢」與眾不同，更要讓人「有感」。我有幸認識許多創意人，**Kurt** 是箇中高手。

——林錦昌／文化總會秘書長

有人說，創意就是讓兩件不同的事融合在一起，並產生新的意義。這包括兩個功課要做：事物的大量閱讀、融合新意義的技術。**Kurt** 是個認真生活的創意人，所以他覺得「多做家事才會做事」。生活中的點滴要靠實作體驗，搭配旅行、閱讀、電影、有意義的對話……來豐富我們點燃創意的素材。這本書提供我們優秀創意人的心法，除了廣告業，各行各業的創新更需要這樣的觀點！

——劉鴻徵／全聯福利中心行銷部協理

這個世界的知識體系如此龐大，我們不需要全面通曉，但總要恐懼於自我的缺乏、興奮於每個他方的未知。人類並未真正創造過新的方法，我們只是從「無」中找出了它，驗證了方法的存在；與其說每個獨一無二的「新」都是一種創造，我們其實僅是身在尚未被揭露的答案裡陸續拓荒；你企圖的，正漂浮在時間裡等你。

——聶永真／永真急制設計師

我喜歡看電影，特別喜歡看了會流淚的電影。每次沉浸在黑暗中被感動的剎那，都哭得很享受。而我同時會很害怕，如果自己有一天喪失了這個感受的能力，人生會多麼無趣？盧導說，「未來，一定是屬於有感受力的人，因為感動，是未來最值錢的東西。」如果你想感受世界，最簡單的方式，就是看這本書，從感受開始，改變你看見的世界。

——龔建嘉／大動物獸醫師、鮮乳坊創辦人

自序

在創意前，謙卑

數算地上的日子

我所在的產業十分重視時間因素，deadline 很重要，許多工作幾乎都是從 deadline 去反推，我們常會說「多少時間做多少事」，把時間表拉出來，搭配個別工作的重要性，就能下判斷做取捨，什麼該做什麼不該做，什麼要先做，什麼以後再做，就一目了然。

事實上，幾乎所有產業都是如此運作，road map 裡最重要的因素之一就是時間，它讓你看清事物的輕重緩急，從而決定計畫的進程，並因此決定如何下手，資源如何分配，甚至，讓你捲起袖子開始動手。

時間是好夥伴，只要我們願意關心它。

有趣的是，我們在工作上這樣，但在自己的人生倒未必如此。

很在乎的事

很多時間就做很多事，很少時間就做很在乎的事。

我們在工作上都會立刻下這樣的判斷，但在人生裡卻寧可不面對時間長短。

其實，我們在地上的日子是可以估算的，因為有平均年齡，每個人都可以在幾秒鐘內算出自己剩下多少天，就算心算不如國小三年級的小朋友（是的，乘法在小學三年級就教了），手機都還內建計算機功能，你想刪還刪不掉。而且這還只是平均數，每個人身體狀況不同，也可以參考自己的家人。

以我為例，若活到我父親的年紀，就只剩八千七百多天，我擔心自己想做什麼都來不及了，實在不想去填充別人的時段，勉強自己做一些表面工夫。

有時會遇到一些工作，好像只要看起來讓老闆開心，所以就得這樣那樣的，實在有點多慮。很多時候，老闆們也不在乎那些形式，他們只在乎效果。那些事是只會做形式的人想做的，因為他們只會做形式，那是他們少數會做的事。

工作以外的生活，有時也有社交需求，只因為覺得怎樣怎樣，對方才會覺得怎樣，結果，對方根本不覺得怎樣。最重要的是，你自己也不那樣認為，卻得勉強自己，那不是有點瞎嗎？畢竟，我們時間有限，何不追求自己在乎的，讓自己有點成就感？

鼓勵年輕人？

有時會被問問題，但我都會當作只是回答問題，試著在有限範圍裡提出有限觀點，那是因為我也想自主訓練，從不敢想自己有什麼真知灼見。

我更不敢鼓勵年輕人。一來年輕人本來就充滿創意，總是做出讓我目瞪口呆的作品；二來，比起來我剩下的時間少他們許多，從資源多寡的角度而言，我是弱勢族群，年輕人比我強勢太多，有的是時間去做更多，就算用偏狹的角度說他們做錯了，他們也有的是本錢嘗試錯誤，因為他們比我有更多時間。

何況，他們並沒有做錯，他們是在創造更多的經驗，這經驗將引導他們在未來發展出更不同的作品。而那作品，以現在的時空，可能連我們的想像力都無法勾勒一點輪廓，那又如何能去批判呢？

記得前面說的 road map 嗎？他們只是在增加他們的工作項目，理解更多不立刻完成的可能，好累積更多能量。眼前你認為的失敗案例，未來就會做出你沒機會成功的美事。

你知道一種標準答案，他們可能知道一百種不標準答案。

我們常認定的標準答案，是在眼前的考卷上。當未來考卷更換了，那答案還會對嗎？

而未來的考卷勢必得換，不是嗎？

動輒得咎

某些時候，會遇到某些人充滿恐懼地在生活在工作，害怕一不小心就不成功，害怕一不小心就得罪人，害怕一不小心就錯過了好機會，彷彿動輒得咎。

那種恐懼很深沉，又很表面，因為表現的方式總是那麼地戲劇，那麼地讓人無法忽略。

讓人為他難受，因為他，動輒得咎。

其中，還有一種表現方式，是極度的自大。

深怕失去存在感，深怕別人無法意識到他的存在，總是要別人尊重他，或者尊敬他；談論的總是自己做了什麼，批判的總是別人做了什麼，卻很少想到自己什麼還沒做。而在他身旁，你得時時仰望他，儘管他其實並不高，你小心翼翼，並且感到不舒服。讓人為他難受，因為他，動輒得咎。

謙卑，得救

我遇見許多傑出人物，他們有個相同點，就是非常謙卑，但那謙卑不單是對待人的禮貌客氣，而是有種更進一步的溫和感。

我不太會形容，但不是那種說話帶著「請、謝謝、對不起」表象上的有禮貌，而是更加直截了當，且是非常深信不疑的信仰。

同時，不是專門對待某些人物的態度，比較像是，面對事物，面對思想，面對未知，面對世界，一種不張狂，十分溫暖，並且帶著強烈好奇心，對發生什麼事，都不感到過分驚訝，也不過分驚恐的自在。

對，這樣說起來，自在，或許是個比較恰當的字眼。

他們在不斷追求創意的同時，保持一種健康的模樣，不只是身體健康，是心理健康。跟他們在一起，你會常看到他們淡淡的微笑，你會看到他們專注凝望你的眼神，你可以感受到你被期待要說出什麼有創意的話語，而你也真的因此說出了，儘管你本來並沒有這想法，但在他們面前，你似乎也跟著有創意了。

自在，他們顯露出的自在，也讓人感到自在。

他們從內心裡尊重別人，尊重世上的一切可能，那種謙卑態度，讓他們反而可以在任何景況裡，自在。

最有意思的是，那自在，讓人想創作，讓人有創意。只因為保持謙卑的態度後，你不會害怕犯錯，你不會有恐懼，你不會擔憂丟臉，因為你謙卑。

你感到輕鬆，你很容易比原來的自己更好，你更有創意，你也看得到別人的創意，你們有動力也有勇氣，接受更多創意，接受自己有能力有更多創意。

那真是太好了，畢竟，你更好了，我們的世界也會因此更好。

你得救了，我們的世界也會因此得救。

祝福你，在創意面前，謙卑。

美學

A

創作戰

價值觀

創作你核心肌力——
憑什麼有創意？

「如果你找到一個好題目，好答案就不遠了。」
主動讓自己處在不擅長的領域，
就是處在最有創意的競爭位置。

大家都說要有創造力，但為什麼會有創造力？

雖然我們都知道，台灣各個產業和人才都得有創造力，好創造較高的經濟價值，但到底怎麼才會有創造力呢？

答案當然不必只有一個，不過，對我而言，可能是，在乎需求。

抬頭看的力量

從小，我們都被要求埋頭苦幹，專心在自己的事情上就好，也有「莫管他人瓦上霜」的說法。這在過去當然有鼓勵人全力以赴、明哲保身的意義，只是隨著時代變遷，產業樣貌跟過去有點不同了，尤其未來許多職業的可能性混沌不明，面對的方式總得有所改變，要更積極的迎向世界。

偶爾抬頭看看自己在哪裡，比較好清楚世界變化的樣子。如果板塊移動了，你還低著頭用力衝，是很可能一頭栽入，直直掉進大海裡的。

站在打擊區的打者，必須抬起頭來，看著球來的方向，而無法只記著投球機練習時的軌跡，用過去的經驗揮棒。你必須睜大眼，用力盯著，因為球路一直在變化，快速直球、曲球、伸卡球、慢速球……，你觀看的同時，更得全心投入，不是用力揮棒就好。

也許，站在打擊區，我們需要一些抬頭看的力量，否則只能承受打擊。

小鐵人的啟發

但要有創意，到底要看到什麼呢？我猜是，得去看見需求，看見那空缺，看見那不知道怎麼辦才好。

我們多數人的智力差距不大，時間更是一樣多。雖然可支配的資源不同，不過，有創意的人通常資源沒有想像中豐厚，甚至是偏少的。可是，看到別人資源短絀，因此開始動手，反而是我見到比較常激發創意的機會。

雖然有人認為孩子要富養，未來比較有品味。不過，若談到創造力，可能不一定是適當的。

我朋友這幾年開始玩三鐵，沒想到，這陣子也開始帶兩個女兒玩。她們都還是國小階段，參加的比賽卻是海泳一百五十公尺、跑步一．二五公里、單車五公里。

我雖然每天也跑五公里，還是張大嘴覺得好厲害。我驚訝地問兩個小朋友：「海泳很難耶！」她們只是有點帥的望著我微笑，什麼也沒說。

我想了好幾天，覺得這個教養方式應該是有意義的。當你面對自己不擅長的領域，多少會感到害怕，也會有許多不知所措。而那個不知所措，是美的，是好的。

讓自己進入不知所措的狀態。

再說一次，海泳真的很難耶。

把自己養成有創意的人更難。

不知所措

我想起自己幾乎每個結果還不錯的案子，前期都處在那個不知所措的狀態，都是焦慮，不曉得怎麼做才好。

後來發現，這是種祝福。因為當你看到一件你習慣可掌握的事情，你的對策幾乎是當下立即反應，你只是趕快把它做掉、處理掉，好繼續前去下一個需要處理的任務。這當然很有效率，不過，大概稱不上有創意。那只會是個工作，稱不上作品。

我想，現今有船有車的年代，參與三鐵活動一定不只是為了從A點到達B點。特地讓孩子參與三鐵，更不會只是消磨體力，更多的是，理解自己的不足，試著要去補足那不足，並且在那當下理解不知所措。

因此，那個不知所措，也許是可以追求的，主動讓自己處在那樣的狀態，其實就是處在有創意的競爭位置。而練習讓自己保有那敏銳度，也可以讓自己在未來面對不知所措時，不會那麼不知所措。

說起來，不知所措，說不定是創意的好朋友。

他人的不知所措

不過，我覺得另一個更有創意價值的不知所措，其實是他人的。

當你仔細去在意別人的不知所措，你其實是在發掘社會趨勢，你不只是發揮人類的同理心，更是在強化自己的創意優勢。

因為創意就是用來處理人的問題的。有價值的創意，不只是不一樣的思維，而是能夠解決人們的不知所措。**當你能夠發現更多人的不知所措，你的創意價值就更高。**

可是，如果你不管別人死活，你再聰明，也只有聰明，稱不上有創意。因為你對別人的問題並沒有對策，你看不見別人顯而易見的問題，你無心在乎，你的聰明才智也顯得無力。

所以，創意界甚至有一個傾向，就是主動發掘和意識人們的問題，去找題目來做。其實，這和做研究很像，就是從世界上的事物，尋求自己有興趣或關注的議題，發揮能力去解決。

以世界最高殿堂的坎城創意節來說，大家比的已經不是誰聰明，而是誰的田野調查足，誰解決了國家級的問題，誰處理了人類普世性的問題。

你的創意能量，來自題目選擇。

苦民所苦，就不苦了

題目在哪裡？在人們的問題裡。

你得關心誰正在皺眉，誰正在傷腦筋，誰正在替孩子的教育問題苦惱，誰正在替自己的職業選擇出路思考。

這些都是隱藏性的需求，卻是大眾化的需求。你比別人先發現，先有單純且有效的解決方案，你就一定會有好的創意勃發機會。

如果你找到一個好題目，當然好答案就不遠了。

所以，苦民所苦，其實不是政治能力，是創意能力。

我是開始工作之後，才懂得孔子說的「吾少也賤，故多能鄙事」這句話。他說的時候，其實是帶著點自豪，因為他懂得比別人多。

我盡量努力跑到現場，試著觀察理解人們的生活細節，因為我的生活體驗有限，人生經驗匱乏，得努力補上很多學分，才有一點點機會，跟著上場。

幾場下來，那幾乎構成我的核心肌群，讓我有勇氣面對還不知道的下一場。

憑什麼有創造力？

苦民所苦，就不苦，還很酷。

創意心法

01. 在乎需求就能看見機會。
02. 讓自己身處不知所措的狀態，激發意料之外的創意能量。
03. 好好觀察普遍存在卻視而不見的問題，發揮你的創意價值。

創作你基本戰力——有感而發

「我只是把運動現場裡蒐集到的感動，嘗試著再現……」
大家一起運動，你們比賽前比賽後講的那些，就是故事；
而所有故事的特點，就是把人凝聚在一起。

世大運的啟發

二〇一七年世大運，我親臨現場的比賽，有韻律體操、跳水；轉播的比賽看了棒球、籃球、排球、田徑、網球……。

我和認識二十五年的南一中同學去小島旅行，晚上大家齊聚一堂，一起看球，更是一種享受，一起歡呼，一起尖叫，一起嘆息，跟全台灣的人一樣。我必須說，這種美好時刻，不但難得，而且難忘，更無法簡單用金錢購買。這是屬於人類需求的相對高等級。

這很重要，因為未來我們的未來，我們孩子的未來，基本上是要去尋求這種感動時刻。

當工業4.0後，許多知識取得相對容易，許多商品的生產也會被簡化，於是產生商品或服務的創意，就會更顯珍貴。更可以說，就經濟價值上，會顯得高貴。於是，你能創造令人感動的時刻，你的商品、你的服務，就會被人們用較高的價格追求。

那跟運動有什麼關係呢？有的。關係很大。

因為**感動，是未來最值錢的東西；而運動，是讓人有效率得到感動的情境。**

感受是運動的價值

我常覺得我很幸運，小時候就能跟爸爸熬夜看世界盃足球賽，跟爸爸去現場看職棒，也跟爸爸去看橄欖球，台南市的十六連霸從我出生那年開始，直到十六歲時才中斷。

高中時和南一中人渣們一起在青年路邊，坐在腳踏車上看運動用品店裡的公牛隊季後賽，看喬丹一次又一次創造神話。大學時中華職籃泰瑞戰神的主場在我們學校，我一次又一次跳起來搶紀念品。我一路都有球看，自己更持續打球。

就算後來進廣告公司，也是做 NIKE。揪同事每星期一、四跑步，參加國道馬拉松，有國家隊的比賽更是不上班了，直接到會議室用大螢幕看球，看完再心甘情願加班。更別提每個週末都要和同事打籃球、踢足球，全盛時期，我每週號召來打球的快四十人，比平常辦公室裡的人還多。

換了一家公司後，我還鼓勵執行創意總監中午不要吃飯，跟我騎腳踏車去游泳。腦波弱的他，就這樣一週五天，每天中午跟我一塊去，我還慫恿他買了一疊游泳票。雖然後來沒用完，但總記得那些時光。其他同事也陸續加入，最後組了個二十人的隊伍去橫渡日月潭，連執行創意總監的國小女兒都一起在那美麗的湖景裡踢著腿，用水波劃過一道記憶。

我清楚知道，如果可以在廣告創意上有那麼點作品，是因為我在一次又一次的運動裡，感受那些激動；在一次又一次觀看比賽中，感受到別人的感動。我只是把我在那些現場裡蒐集到的感動，嘗試著再現，放到作品裡。雖然大家很喜歡，但其實，我只再現了萬分之一，不信你去現場看看我們國家隊的比賽。

可別小看這萬分之一，那就很足夠了，那就足以讓我維生，那就讓我們和機器有些差異，那就是我們的競爭力。

學說故事前，先看運動

常遇到有企業或者機構問我如何說好故事，我都會問，那你平常有看故事嗎？不管是小說、散文、新聞、電影、音樂、運動，如果你浸淫其中，你就是在閱讀故事，多數時候也都是好故事，因為已經有人替你篩選過了，不管是出版社編輯、記者、製片、音樂製作人、專業經理人。當一個作品可以出現在你面前，基本上都經過了數十到數百人的篩選，那些可都是故事的精選。你不去感受，你不去看好故事，為什麼覺得你就會說好故事呢？

我常跟企業負責人說，想學說故事，就大家一起去運動，一起去看運動。你們比賽前比賽後講的那些，就是故事，就是在一起。而**所有故事的特點，就是把人凝聚在一起**。

過去，我們的體育課很容易被漠視，甚至取代，變成其他科目。但是，你知道嗎？美國加州的小學，一週只有一天沒有體育課，小學畢業的孩子要能跑一英里。芬蘭小學是到校後先上體育課，洗完澡後才進教室上知識性的課。

我朋友去美國讀高中，原本擔心適應問題，不過因為他在台灣常打籃球，除了個人技巧體能好外，習慣團隊合作，所以很快就大受歡迎，進了校隊，交了許多朋友。至於功課，當你不討厭上學時，學校的功課，其實就簡單很多了。

這裡我想談自信。自信，就是相信自己，當你相信自己的身體後，你就有更多機會去相信自己的智慧，你也會散發魅力。而當你有自信時，你講出來的故事，就顯得趣味，就有人想聽。有人想靠近你，你就容易活出故事來。

我們難免會在生活裡受挫，在工作裡受氣，在人生裡受傷，在自己裡受苦。我發現，這時候球場對我很受用。

現實的困局可以激發創意，但情緒的困擾會消磨創意，甚至消去創意。我的經驗是，去球場看看吧。反正不花你多少時間，不花你多少錢，再不濟，你至少可以看場球，鼓勵另一群人，在世界還沒鼓勵你之前。

最重要的是，你可以理解自己的能量該往哪裡去。你不是一個人而已，你的工作是有意義的，因為你看得到眼前的人，你知道他們跟你一樣都是活生生的，你的創意就該放在他們身上，你的想法就該如場上的球員一樣，激勵每個人。那讓你感到光榮，更激勵你繼續發揮創意和影響力。

為什麼幾千年前希臘人談的哲學家皇帝，就是體育和知識的專家？為什麼孔子要講禮樂射御書數？嚴格說來，只有書和數算是知識性的東西，其他可都是和身體、藝術有關的呢！因為，那都可以使人更完整。而現代的我們，多少都算有些殘缺。那麼，只要你比別人完整，你比別人更加能夠填補那些缺口，你就會受歡迎。

運動讓你有感而發

未來的變化很快，孩子的適應力變得很重要，所以身體的強度要足夠，溝通協調能力更重要，而那更是運動可以教我們的。

想像，當一堆殭屍追著你跑時，有朋友和沒朋友，可能就會在關鍵時刻發揮作用。你以為我在開玩笑嗎？仔細想想，現在企業裡的拚搏，不就很像被一群殭屍追著跑嗎？那麼誰活下來了呢？

不只我們自己，未來孩子身後追趕的殭屍，只會更多、更凶猛。

更重要的是，平常我們感動的機會不多，總是在慣性規律的活動中。只有比賽，才會讓你再次感受到遠古時代裡，和自然搏鬥的感覺。那會再次激發你的力量，甚至強迫你有改變世局的想法，而那通常來自於你當下的感受。

未來，一定是屬於有感受力的人，而且，有感而發。

因為有感，你會發揮創意，你會發展出藝術性的工業產品。再怎樣，你都會因為那個感受，而發展出不同的思維。當然，如果是金錢上的「發了」，也只是隨之而來的附加價值而已。

祝福你，跟我們一起，有感而發。

創意心法

01. 說一個故事，把人凝聚在一起。
02. 受挫、受氣、受傷、受苦時，去看場運動比賽轉換情緒吧。
03. 感動，是最值錢的東西；而運動，是最有效得到感動的情境。

創作不只嘴出力——
做事，不坐視

「踹倒玉米，玉米再站起來時，就會很好吃。」
不會做家事，就不會做事；不會做事，就不會做創意。
不作勢，直接捲起袖子去做去感受。

五路芒果

那天和喜愛的舊書店主人吃午餐，十分開心。突然，書店主人問我，下午要不要去摘芒果？

我嚇了一跳，這種邀約十分不尋常，但他簡直就像問我餐後是要咖啡還是紅茶一樣。轉頭看向女兒盧願，想到這是她第一次摘芒果，一定很有趣，開心地馬上答應了。

下高速公路後，接著一路往山區開，路愈開愈小條，轉來繞去的，但我很喜歡，因為好久沒有去山裡頭走走了。總是在會議室之間奔跑的我，覺得很是興奮，打破平常的規律，難得有了趟意外的旅程。

隨著綠意愈滿，終於占滿整個擋風玻璃，我們也來到目的地。

還沒坐下，農場主人就先捧上五種不同風味的芒果，我和願一句話也不說，低頭開始進攻，香味撲鼻、甜度驚人，還有各種細微難以形容又確實存在的不同口感。我們沒空抬頭聊天，只是不斷拿起下一顆，因為實在太好吃、太過癮，在南台灣的酷暑裡，真是天堂般的存在。

那五種芒果，彷彿五條不同的道路，領著我們前去不同的天堂。

果園主人在旁看著我們一大一小，毫不節制、不顧形象地大吃，笑得合不攏嘴，一直取笑我們，但也瞬間拉近彼此原本陌生的距離。

我們沒有禮貌地低頭大吃，但，或許也是對食物低頭，致上最高的敬意。

踹倒玉米

終於，我們盡興地挺著大大的、被芒果充滿的肚子，洗好手，滿足地加入聊天行列，聽果園主人分享他二十年務農經驗，還有許多聽來比較像鄉野奇談的故事。

比方說，野生梅花鹿會在這裡輕鬆自在地散步，根本不需要什麼保育。某次有位年輕人夜裡返回住所的路上遇到奇怪的物事，以為遇到鬼了，後來找同伴回去查看，竟是穿山甲。還有山羌總是走來走去，野兔偷吃作物很調皮，只啃一圈也不吃完，就這麼一路啃過去。

我聽了很驚訝，原來離市區約半小時車程而已，生態卻這麼豐富。我住在台灣那麼多年都不知道，實在覺得很羞愧。幸好，願願小時候就見識到了。

農場主人突然說起，「你知道玉米要怎樣才會好吃嗎？」城市鄉巴佬的我，當然不懂，只會搖頭。

他得意地說：「要踹倒，玉米自己再站起來時，就會很好吃。」

我正在讚嘆這從沒聽過的知識，冷不防，他突然指著願願說：「所以，帶小孩也是一樣，要先把他踹倒，才會長得好。」

要做家事，才會做事

他說，這陣子有群年輕人來找他學耕作，他很願意教，但是，有些地方卻看不慣。

比方說，他免費提供地方給年輕人住，幾個月後卻發現，住的地方前後開始長出了雜草，甚至影響進出。他每天經過看到覺得納悶，怎麼沒人要清理。最後終於忍不住，在聊天群組裡開玩笑說，他發現一個可以拍廢墟的場景。

他們才支吾回應，一直想說要不要把那些雜草除了，但又不好意思問。他直接回，有什麼好不好意思的。被點醒後，他們乖巧地去除草。只是，隔幾天他經過，發現草雖然除了，但不知為何，那堆草就堆放在原地，沒有丟棄，事情只做了一半。

他繼續跟我們發著小牢騷。他說，這些年輕人都很乖，也都很守規矩，但奇怪的是，都研究所畢業了，卻好像對四周環境視而不見，缺乏觀察力，更別提主動去改變。他一直重複「不主動」這字眼。

為什麼都已經有動力，願意來現場，卻沒有動力真的學習呢？問題可能不是出在年輕人身上，而是他們的爸媽。年輕人讀到研究所畢業，都二十四歲了，可是平常在家、在學校，幾乎沒有任何動手的機會。因為父母從小教育他們，只要把書讀好，其他都不必管。

可是在職場，每件事你都該張大眼睛去看去學，更要捲起袖子去做去感受，才能有所學習。

最後，他很嚴肅地看著我說：「一定要讓願願從小做家事，否則，是在傷害她的未來。」我們還有點反應不過來時，他很簡潔地下了個結論，「不會做家事，就不會做事。」

再延伸一句，不會做事，就不會做創意。

別作勢，要做事

回想大學畢業後去當兵，也有類似的衝擊。當初覺得很浪費時間和力氣的事，現在回頭看，卻覺得是很好的經驗。

在家偶爾只需要洗一家四口碗盤的我，突然間，得和幾個同梯幫全連一百多人打飯，快速吃完後又要洗全連一百多人的餐盤，洗完後用跑的去操課，一會兒又要準備打飯，然後趁大家午睡時，繼續洗那一百多人的餐盤。

為了減低這每日輪迴的痛苦指數，我因此知道如何在有限時間內，做最有效率的安排。比方晚餐洗完餐盤後要趕快去洗澡，因為馬上就要晚點名，你這麼菜不可能半夜起床去洗澡，何況半夜還得去站哨。我還學會怎樣洗餐盤比較快，不只要快，還要乾淨，因為只要一個餐盤上還有點菜渣被發現，那可是一百多個餐盤全被拉出來，嘩啦啦丟在地上，全部重洗。

最重要的學習是，我終於知道世上不是唯有讀書高。跟我同梯的三位都是大專兵，又都是國立大學。可是當兵誰管你讀書如何，一樣要打飯洗碗，一樣每天身上都有濃濃的菜味。和你的梯次有關，和學歷一點關係都沒有。

當兵時學到的事，跟我過去的人生經驗有很大不同，卻和我後來的職場，很接近。因為當完兵後，就是職場裡最菜的了。如何在最短的時間內甩掉一身菜味，就看你有沒有在做事，而且是真的做，不是作勢要做。

真實世界裡，你有沒有創意，跟你有沒有學歷也無關，就看你有沒有作品。

而要有作品，除了有創意之外，最重要的是，要做。

創意是動手的，不是動口的

剛開始當廣告AE時，我得準備會議室裡的茶水、訂便當、叫計程車、搞定快遞。從來就是坐等媽媽泡好的茶、看喜歡的書、吃想吃的東西，也沒寄過任何快遞的我，當然一陣慌亂，衝擊更如瘋狗浪般一道道襲來，打得我頭昏眼花。勉強度過後，輾轉成為創意部的一員，卻發現那段時光給了我很大助益。

因為當過小ＡＥ，我常在茶水間跟打掃阿桑們請教各種器具在哪、跟櫃檯請教快遞、便當、計程車怎麼叫，才能快又不出錯。

後來發現，聊天很重要，而且動手做事的人比動口的人好相處，也懂更多，更願意大方分享。於是，我養成不管在哪家公司，都跟清潔人員、保全人員、總機、財務部門、行政總務部門聊天的習慣。

結果好玩的是，雖然是做廣告創意，但因為喜歡跟工廠的現場人員，也就是那些大哥大姊聊天，因此我知道商品背後的事。然後，只要簡單整理，把它變成故事，就好了，可能就會有人說：「好棒的創意呀！」但其實，我什麼都沒做，我只是把每個動手的人都知道的事，讓只會動口的人知道。

把做事的人的事說出來，就是真正的品牌故事。

那些躲在冷氣房小隔間裡的，就只能說出小隔間裡的事，那可能是大家都知道，或是一點也不深刻的事，很難打動另一個人。

因為好的故事，就是真實發生卻沒人知道，而每個人知道後都會佩服的事。

原來，去做，並且理解做的故事，那就是創意。

這樣的結果，始料未及，但我真心感謝。

我也不知道以後還要做什麼事，會做什麼事，但有件事，愈早知道，會愈快樂，那就是：

坐視，什麼事都看不見，也做不成。

有做事的習慣，比有坐視的習慣好，好很多。

做事，就是做事，不坐視。

創意心法

01. 多做家事，才會做事。

02. 動手做事的人懂更多，多和他們聊天，好故事就在其中。

03. 張大眼睛去看去學，更要捲起袖子去做去感受。

創作最要強魅力——你的性感人生

「你對你會怦然心動嗎？你對你會尊敬嗎？」在人生的許多層面，溫良恭儉讓可能只是讓你跨不出去。勇敢一點，不要謙虛的什麼都沒做，等做出來，再謙虛。

改變的球隊

很關心運動新聞的我，前陣子看到一支長期積弱不振、沒人在乎的球隊脫胎換骨，煥然一新，在場上的成績也有了極大的變化，總是好奇的我，就想知道為什麼。

差別在哪？當然是球員本身起了變化，但不是加入了超級明星球員，而是所有球員全部成了超級明星。

原來，有人提出「性感球隊」。這可不是一種戰術，而是更高層次的信念。強調的是球員在球場上的情緒和投入，要充滿自信和興奮，比起陣形、技術等，更在意球員對比賽的看法。翻轉球隊思維，不能老是把自己當成弱隊，上場就是要戰鬥，該攻擊、該發火都要表現出來，不能讓對手覺得來你這裡就是要穩拿高分。比方被對手撞，應該全部人衝上前去找對手或裁判理論，不是默默原地爬起來就算了。

大概是這樣，雖然我只講個大概，但只要做到大概，大概就不一樣了。

我覺得，把球隊兩字換成台灣，也非常成立，也太成立，太適合當代的台灣了。

麻煩你，回頭再看一次上面那段話。

光是重新抄寫一遍，我都熱血沸騰起來。企業內部面對挑戰，如果可以所有成員一起，理解目標，並且為目標拚博，就太棒了。

國家更應該這樣，雖然每個人在場上的位置不一樣，任務也不相同，可是遇到國家大事，就一起面對對手，一起衝上去，一起圍上去。

還有一個提問，我們自己的人生，性感嗎？

做得漂亮，才活得漂亮

多數時候，我們在職場上的選擇都是明哲保身，也確實需要。有些時候，你甚至覺得對的事，就留給別人去做吧，讓別人出頭；總是講究溫良恭儉讓，總是壓抑情感。只是情感壓抑久了，反而失去了情感，不再為事情感到興奮、激昂，不再為人投入情緒熱愛。那，是不是也少了些樂趣？

我們總會想活得漂亮，但事實上，躲起來，並不會多漂亮。（噢，躲得漂亮！這種話怎樣都不太像讚美。）只有你做了什麼，那個什麼，才會讓你覺得，漂亮。

你對你會怦然心動嗎？你對你會尊敬嗎？你對你做過的事感到自豪嗎？用一個詞來形容，是精采獨特，還是辛苦忍耐？你對你將做的事會充滿想像、無比興奮嗎？

問題並不難，但回答問題有點難。但這問題不重要嗎？畢竟，做得漂亮，才活得漂亮。

你喜歡你嗎？

你喜不喜歡自己，當然是個很終極的題目。

雖然，平常我們會替代成，「你覺得自己的人生有意義嗎？」不過，問多了這種高深且重複頻率高的問題，難免會疲乏，難免會無感。那不是「意義」的錯，只是因為「意義」有點被用得浮濫了，因為「意義」有點縹渺，因為「意義」有點不明確，因為我們從不覺得自己有多少意義。

事實上，也許，真正的提問是，到底我喜不喜歡我這個人、我做的事？

因為最後那天來臨時，我們多少無法迴避，無法迴避那個人的目光，無法動彈，無處可逃，你得迎向那個人的目光，回答那個人的問題。他的問題就是，你值得他喜歡嗎？

而他，就是你。

要命的問題

創作有時候不那麼容易，有時又容易得要命。因為你不去做你自己會受不了，你自己就有禍了，你會覺得，要命，我怎麼沒去做呢？

生命是一場創作，而不只是工作。

拿掉名片，你還剩什麼？而你遲早得拿掉名片的。那你的創作如何呢？創作雖然可以談很多，但最後，還是得回到一個核心，那就是，你，你和你喜愛的、你厭惡的之間的關係。

有個小竅門，就是問自己，為我喜愛的做了什麼？

有時候，我會問自己，一件事物因為我喜愛它，究竟有沒有什麼不同？

如果沒有，表示我喜歡它跟我不喜歡它，對它沒差。

如果沒有，表示我的價值觀，我的道德良知，在這世上，無足輕重。

因為，我從沒為它付出什麼。

它或許也沒關係，但「我」，終究是個無足輕重的存在，在我關心在意、感興趣的領域裡。

我們就是市場

舉個例子，如果你跟我一樣，喜歡書店的存在，那你為書店做了什麼？你以為書店一開門就有錢拿嗎？我們常說交給市場機制，卻忘記我們就是市場，我們應該要投票，用鈔票投下贊成票，實際支持我們喜歡的事物，否則它們會消失。

你知道，你對喜歡的事物跟不喜歡的事物，如果都一樣漠不關心，那對這世界來說，你有沒有喜歡，根本沒差。我的意思是，有你跟沒你，到底差在哪裡？

如果你跟我一樣喜歡書，你就該買書；如果你跟我一樣喜歡看小說，你就該買小說。否則，你喜歡的，遲早會成為你懷念的。

你可以替換掉「書」，回頭問自己。

重點是，你在意什麼？

性感，是為你喜歡的努力

就像足球一樣，你可能很會踢球，擁有優異的技術、天生異稟的體能、豐富深刻的經驗，但你只是在場上晃著，你不投入，無心也無意，你其實也就是無能。

無能，再怎麼想，都不太性感。

為你在意的站起來，你才站得起來。而且，為你在乎的站出來，挺身而出，捲起袖子，你站起來也才有意義，否則，你也只是站著而已。

性感，是為你喜歡的努力。

每一段戀愛關係，都是創作，而你和什麼正在戀愛呢？

你真心在意的，應該就是你要衝出去的。你會全心投入，不害怕別人怎麼說，不隨便放棄，更不輕易停下腳步。因為你關注，因為你放入了真感情，因為你是為了你而做，你不是為了辦公室氣氛，不是為了老闆目光，你考慮限制，並且超越限制。

用力一點，兇一點，再不放過自己一點。當你這樣，你就是在創作。

不要謙虛的什麼都沒做

不要再保留了，你這輩子都在保留實力，保留體力，保留面子，事實上你連保留席都沒有，你只是在假裝保留。勇敢一點，勇敢一次。勇敢想出想法，勇敢講出想法，勇敢做出想法。

別人無法說什麼，因為不管說什麼，他都沒你性感。至少在你眼裡，你追求的是你，你追求的不是他，你要得到認同的，是你。

不要謙虛的什麼都沒做。

等做出來之後，再謙虛。

當你這樣，你的眼睛一定是發亮的，你一定是整個人發亮的，你一定活得發亮，你是你自己的超級明星球員。

你是你人生的創作者，你性感。

創意心法

01. 釋放情感，為喜愛的事物投入全副心神。
02. 遇到事情，就站出來，讓你喜歡的事物，因你而有所不同。
03. 不斷捫心自問，活出自己喜歡的樣貌。

創作總得注意力——在意就有創意

「不管你在哪個行業，你當然是在創意部。」
不要覺得充滿意義的事物離我們太遙遠，先從身旁的人事物開始，就能創造出很美的作品。

金錢世界

有機會去看了雷利．史考特導演的「金錢世界」。這部入圍奧斯卡獎的大片，有個讓人討論的話題，就是主演的凱文．史貝西因涉入多起性騷擾事件，在片子拍好後臨時被撤換。而臨危上陣的是硬底子老演員克里斯多夫・普拉瑪。驚人的是，導演和主要演員竟在九天內完成重拍，並在殺青當天釋出預告片。

做為相關行業從業人員的我，知道這簡直是不可能的任務，看了電影後更覺厲害。因為這角色是做為世界首富的蓋提先生，他不只是配角，根本就是主角，主導了整部電影的走向，要氣勢非凡，要能震懾全場，還要立刻進入狀況，真令人欽佩。

故事裡的蓋提先生，如英文片名 *All the money in the world*，擁有了幾乎全世界的錢。但孫子被綁架，他卻拒絕提供贖金，理由是「沒有那個閒錢」，甚至讓重視家庭的義大利綁匪感到無法理解。當然，這句話是根據真實事件改編，加入了編劇、導演的意志，未必是當初蓋提先生的說法。

但，在這貧富差距懸殊的當代，觀看這片，確實會讓人多想一些。

他提出一個問題：「銀子和孫子，你如何選擇？」

我總覺得金錢是當代貶值最厲害的東西。我小時候，富翁是百萬，現代沒有上億怎能叫富翁？意思是，以富翁的定義來看，從百萬到億，那麼在這短短數年裡，金錢至少貶值了一百倍。

最麻煩的還在後頭。如果你年薪百萬，你要工作一百年才會有第一個億。而你無法工作一百年。如果你把成為有錢人當作人生目標，做為一般人的你，很有可能會失望，甚至絕望。

黑洞吞噬的，首先是自己

設錯了人生目標，你走的路，不但是浪費，而且到達的時間將是遙遙無期。你到不了目的地，你不會贏，因為你選錯了遊戲。你進去這遊戲，不是要玩，你是被玩，你不會是玩家，更不會是贏家，你是絕對的輸家。

其實輸掉遊戲也沒關係，最可怕的是，你因此成為自己心中永遠的魯蛇，因為不可能成為有錢人，你就選擇放棄自己。我認為，這也是台灣當代社會，很需要面對的問題。因為放棄了自己的人生，才會變成別人的問題。你無力也無心解決社會的問題，更糟的是，你可能變成社會的問題。

如果你不重新設定目標，你不只會迷航，還是銀河系裡的麻煩，你會打亂星球的運行，破壞美好事物的發生，你把自己的美好夢想吞下，掉入黑暗的一方。你會被偉大的原力所摧毀……沒有啦，其實，你是被自己給摧毀。身旁的好友也會相繼消失，他們害怕被你的負能量影響，紛紛啟動光速引擎，逃向沒有你的遠方。

停止用世界的金錢當你前進的目標，你到不了那富翁的彼岸，你會哪裡也去不了的，還會誤以為自己引擎崩壞，失去動力，漂流宇宙間。

你沒壞。其實，你只是搞錯了方向。

最可怕的不是在星際迷航，而是沒人想記得你。

在導航上重設目標

在繁多發亮難以計數的星際間旅行，最怕失去目標，但要在導航系統上輸入恰當的坐標，也沒有那麼難吧。其實，我們都做得到，至少比成為富翁來得容易，至少不是一百光年的距離。

只要重新在導航系統上輸入你認識的目標就好。剛開始，可能覺得那些充滿意義的事物離平凡的我們太遙遠，但其實只要先從太陽系開始就好，選擇你確切認識的星球，比方說，地球。

不要羨慕那些遠得要命的有錢人異星夢，那在另一個銀河系了。你要把腳踏在地球上，這就是成語說的，腳踏實地。

腳踏實地，先從你認識的星球，你身旁的人事物開始；先從你每天都會碰觸、抱怨，每天都會想說「要是怎樣的話，就好了」開始。只要你願意碰觸，你就是你的導航員，那一點也不困難，你只要聽你的心聲就夠了。

打開心眼，你就不會是小心眼

你的心聲，誰聽得最清楚呢？

老是希望政府公司老闆聽我們的心聲，不過，你自己其實也該聽，因為你的距離最近。

你的心聲，自己聽得最清楚，那，你怎麼不聽呢？

你家旁邊有什麼問題？你座位旁有什麼問題？你可以做什麼好改變這件事？你的 idea 是什麼，要怎麼做？

你家巷口那個很認真、洗得乾淨、態度良好但生意不佳的洗衣店，你可以為它做什麼？

仔細觀看身旁工作生活裡的人物，一定有你認同的，也一定有你不認同的，只要把眼和心準備好，不要只看著自己就好，不要只在意自己就好。

只要你願意打開心眼，你就不會是小心眼。

小間書菜

我認識宜蘭獨立書店小間書菜的彭顯惠，是因為田文社長幫她開闢的實境照片秀專欄「第一次種菜就失敗」，我相信很多朋友也是透過這個有趣的網誌認識她的。她因為想讓發育期的孩子多吃點菜，就想試試自己種，沒想到種菜不是想像中那麼容易。做為好友的田文社長，就在一旁記錄，種子沒發芽、菜苗被蟲咬、得在接送孩子和家務之間抽空下田，卻發現辛苦投入全白費了……諸如此類的挫折不斷，一發又一發，大家看著顯惠的苦惱，一起大笑，一起擔心，一起出主意（多數是餿的），好像一起在種菜。

看網誌的大家嘲笑顯惠樸拙的同時，也得到了很多的療癒。畢竟，現實世界裡可沒什麼值得一笑的，更別提捧腹大笑。

我常常邊看邊笑，笑到嘴巴痛，下巴快合不攏，同時還要手忙腳亂地轉貼，想讓我的朋友們也歡笑一籮筐，一瞬間，連遠在他國的，都一起關注。

說來大家笑歸笑，其實也跟顯惠一樣，跟我一樣，搞不清楚每一種菜的種子，也不知道耕種的方法。真要我來種菜也一定會失敗，可是在田文社長輕鬆且帶點嘲諷的語氣裡，我們都長了見識，也理解原來桌上每一道青菜都得來不易，都是心血。這樣，說不定是最好的環境教育方式，更是我認為極佳的行銷案例。

後來，我也因此成為小間米的穀東，訂購他們辛苦耕種的米，並為這樣的自己開心。我常開玩笑跟顯惠說，當初那網誌如此風靡，要是以大眾傳播思考，可能比許多大企業投入大筆人力和資源所做的更有效用，換算成媒體量搞不好有好幾億呢。

她回應，那好幾億可以給她嗎？

像這樣只是因為關心，因為在意，就創造出的作品，通常都很美。一開始只是多想一點，多做一點，但結果，都不只好一點。

你有好幾億，人們對你不一定有好記憶，甚至是一點也不好。但你多想一點點，你就好，不只一點點。

創意，是因為在意

當我意識到，**我身旁有我想要站出來發聲的議題，我就不一樣了**。就算我知道得晚，但並不遲，因為這時，我就成為有創意的人。

因為我有在意的，我就有意義。

我的人生也許不值錢，但有意義，就被賦予了意義。

我認為，這也是當代創意被高舉的原因之一，也是我鼓勵每個人重新找回自己創意能量的原因。**不管你在哪個行業，你當然是在創意部**，你當然有創意。不是因為資源大小，不是因為金錢多寡，而是你在意，你就有意義，你會重新愛上這樣的自己。

你該好好愛自己，用你的一切。
你該好好愛自己愛的，用你的一切。

寫下來，做出來

用一切，但從哪裡開始呢？
有一個簡單的方法，把它寫下來。
寫下來，不會很難，但也沒有很簡單。

以我為例，我得找到筆和紙，我得打開身上的小包包，拿出筆套、小本子，抽出筆，轉開筆蓋，翻開小本子，然後寫下。

寫的時候，我又整理了一次想法，我再度付出思考的代價，因為我不想它看起來很蠢，我不想它看起來很醜，因為剛剛已經花力氣了，我不想花了力氣，弄一個很差的東西。

所以這東西，或許沒有多好，但是，那代表了我這幾分鐘的付出，我希望它有個樣子。

寫好後，我會希望它，被做出來。
因為我已經付出了那麼多，我希望它不是虛空，否則我會感到空虛。
它可能是一首詩，可能是一支影片，可能是一篇文章，可能是一本小說。

在它完成前，它是我。
在它完成後，它是我。

我希望每天都有它，我希望每個小時都有它，然後後面就很簡單了，只要把它做出來，並且在做出來前，不要放棄它。

你不在意，你就沒創意。

你在意，你就擁有創意。

創意心法

01. 傾聽心聲，設定好你的航道。

02. 創意的原點：從觀察身邊你在意的事物開始。

03. 為你在意的站出來，通常你也會有好想法。

創作要有苦耐力——半世紀前的創作者心情

「一定有什麼，值得他持續伏案創作，在愁苦裡快樂著。」如同檸檬的酸楚，就靠你做出如同檸檬汁的甜美。理解這一切，並接受檸檬不斷襲來，就是創作的心情吧。

我的楊翠的葉石濤

太陽很大，像是毫不保留的，很愛很愛人的那種狗，興奮地朝我撲來，我被它熱情地親著，除了一臉濕外，有那麼點沒預期的招架不住。緩緩騎著極慢速的電動機車，享受著這般太陽能的款待，渾身吸滿能量，感覺就在我身上的蓄電池已經滿格再滿格之際，終於到達。

我今天在葉石濤文學館聽楊翠老師談「葉石濤如何說作家和寫作」，整個人如醍醐灌頂一般，許多疑惑，瞬間消解，當然，也產生了別的疑惑。

我們都知道未來得靠創造力，但創作是怎樣的呢？

說話課後

楊翠在翠綠的窗外綠意裡，輕鬆笑談著葉老師一段段不容易的故事。葉石濤做為一個不斷被時代壓迫的創作者，有多麼不容易呢？出生在日本統治的時代，為了創作，他學習日文。終於可以用這語言寫作了，卻換了政府，他書寫的能力瞬間無用，他得從頭學起，學會中文，好創作。他停筆，重新學習，這之間又花了六年，不斷抄寫，有什麼就抄什麼，甚至抄寫了整部《紅樓夢》，實在是用力無比。渴望創作，就得完全投入。

楊翠老師舉了一個情境讓我們思考。她說，我們都學過英文，至少有近十年，但，你有能力用英文寫小說嗎？寫數萬字的小說，寫文學評論，一本接一本，共一千多萬字。我沒有辦法。

但，葉石濤不也沒辦法嗎？他無法選擇語言，但為了讓創作被看見，他讓自己想辦法。

這時，我覺得自己可以輕鬆的用小時候學會的語言創作，真是，好啊。

廁所，真好

還有更好的。

葉老師在寫給鍾肇政的信中曾經提到，鍾老師有自己的廁所，他很羨慕。他說：「能夠什麼時候想上廁所，就什麼時候上廁所，真是好啊。」原來，當時的他，住家沒有廁所，只能捏著衛生紙，站在公共廁所外，排隊等候。有時來不及，還要壓抑生理需求著急痛苦著。

葉老師做為世家大族之後，卻一輩子兩袖清風，飽受生活催逼，沒有物質享受，卻又持續伏案寫作。同樣是創作者的我，隨手喝著一杯又一杯咖啡，自在地抱怨著，自在地起身去上廁所，自在地覺得自己又沒做出什麼，都是別人的錯，實在難以想像，什麼是沒有廁所的日子。

拿去燒，比柴好

難受的是，創作並不被看見，應該說，沒人可以看到。

因為時代背景，那時的本土作家確實某種程度上受到打壓。葉石濤最初覺得是自己的作品不夠好，後來看到報紙副刊上的作品，似乎也沒多麼精采，他才意識到，自己再度像在日本統治時代一樣被拒絕，被拒絕的原因是身分，不是文筆。

他曾說，他寫的文章，被退的比例高達十分之八。他有幾次心灰意冷，甚至說那些被退的稿子乾脆直接拿到正在燒飯的灶裡，還比較有用處，而且，燒得比柴還旺。

雖然嘴上念著、抱怨著，手卻沒有停，繼續寫著。儘管沒有地方刊登，沒有機會被看到。

有時候，我們會抱怨別人不懂得欣賞自己的作品，不知道為誰辛苦為誰忙。可是，我們處在網路發達的時代，只要你願意上傳，所有人都看得見，你的作品有機會碰觸到所有人，不管你叫什麼名字，是什麼身分。

我不會把我的稿子拿去燒，多數時候，它都會有人看，光想，就覺得現代創作幸福很多。

創作好，好坐牢，好快樂

更令人難受的，卻也是創作。

在那個相對思想控制緊縮的時代，追求知識的傳遞，某種程度，也會成為當權者必須處理的對象。葉石濤在一九五一年九月二十日，當永福國小老師的時候，因參加了讀書會，涉及台灣共黨案，被保密局逮捕，那年他二十六歲。直到一九五三年七月，保安司令部才以「知匪不報」判他有期徒刑五年。我感到納悶，那個時代，真是把國家放在個人之前，關了快兩年才判刑，實在可怕。

他出獄後，做什麼呢？到自來水處當工友，人生一切再度重來。當然他日後努力考上了代課教員，一九五七年才又取得正式教師資格。

我們現在的創作，再怎麼離經叛道，恐怕也不會遭受如此對待。你大概不太會因為你拍的一支影片，就得進監獄，出獄後還被奪去工作。

相較起來，我們唯一要對付的，只是擅長找藉口；要處理的，不是獄中生活，而是惰性生活。

楊翠老師的分享裡，不斷提到葉石濤口中的創作是天譴，是全天底下最要不得的事，是痛苦的組成。但他實際的狀態又是什麼呢？他出版的作品超過一百本。嘿，這是多恐怖的數字呀。要記得，他可是大量被退稿，卻還有那麼多被出版。這同時也說明，創作於他不單只有痛苦，一定有很奇妙的快樂。

而那快樂，讓他繼續趴在桌上，繼續在愁苦裡快樂著。

沒有土地，沒有文學

當代人常說要和世界接軌，要世界化。但，所謂的世界化是什麼呢？就是貿易，就是你的東西能和世界交換。那麼假如你的東西跟世界都一樣，假如你沒有自己的東西，世界要和你交換什麼？

事實上，葉石濤早就提醒過這件事，他說：「沒有土地就沒有文學。」**創作必須扎根在真實的生活裡，必須要來自極度的觀察**。發現人性，並以神性的崇高情懷，搭配不顧一切奮力創作的獸性，才會有作品。

所謂的世界文學，就是必須保有自己的文化特色，進而獲得世界的認同。以現代而言，真正有市場的文創，真正能和世界接軌的文創，更該是如此。在我們這個時代，交換資訊已經是最輕鬆的事了，你不必飄洋過海，作品就能被遠方的潛在客戶看見。

所以，問題來了，你有什麼是他沒看過的呢？總不會是他旁邊就有的吧？

外語能力很重要，但，會說英語後，你要跟對方說什麼呢？以創意而言，沒有土地更是沒有創作，你不在地，你不腳踏實地，你沒有深刻的經歷，就說不出銘心的故事，那你要對方聽什麼呢？

確切知道眼前的事，並試著用手去改變，

確切知道用力手會痠並繼續用力，

應該就是創作的樣子。

看著半世紀前的創作者，看著那些似乎難以忍受的苦，那如同檸檬的酸楚，就靠你做出如同檸檬汁的甜美。

理解這一切，並接受檸檬不斷的襲來，就是創作的心情吧。

創意心法

01. **具備了各種溝通工具之後，你要跟對方說什麼呢？**
02. **要與世界接軌、世界化，先扎根在你的土地裡，拿出別人沒有的。**

彈

B

真槍實
實力戰

下一個十年。22K —— 金士傑

你那邊天空好嗎？

我要學他笑笑的 —— 南島榮耀林子偉

家家有本難念的經

減少言語暴力 —— 兒童福利聯盟

記憶在手心 —— 故宮

下一個十年。22K
──金士傑

「人生的跑道，本來就是你的選擇。」
選擇跑道，比用力跑重要。
選擇環境，比用力拍片重要。

安靜的說話

做了個影片，再度邀請金士傑老師，談的是年輕人的22K薪資和人生日子，其實這也是幾年前就想說的。我想了很多種執行方式，想過以劇情推動，最後覺得也許可以試試用一種安靜說話的方式來表達。我想拍一對爺孫在跑步閒聊，只是單純的對話，但聊的東西很大。

如果這真是個有意思的概念，也許不必再用其他聲光影像技巧去吸引人。當然一如往常，我也不確定效果如何，但有很強烈的直覺，這會有影響力，因為有了一位強壯的表演者，來說強壯的思維，不必太多炫技。

這支影片主要不是拍給年輕人看的，是給「大人們」。所謂的大人們就是會說「年輕人不要怕22K，要怕自己沒有競爭力」這樣話的人。我覺得如果二〇〇〇年的老闆可以給28K，而現在的老闆只能給22K，那談起競爭力，是誰的競爭力降低了？當然是老闆！

但比起那個22K，還有另一個22K需要擔心，那就是剩下的人生天數。以平均年齡八十二歲來算，大學畢業二十二歲，還有六十年，但有幾天呢？60×365＝21,900，再加上閏年有十五天，也才兩萬一千九百一十五天，沒有22K。

每位鼓勵年輕人的大人，更是不到22K，像我只有8K多。與其鼓勵年輕人，不如先鼓勵自己吧。因為大人才是那個更該擔心的人！關心錢有多少，不如關心日子還剩多少。

想東西要大膽，拍片要膽小

很多人以為拍片就是拍片當天的事，但其實，拍片是從接到案子的第一天開始，是充滿計算的事。以導演來說，就是要不斷在事前計算，創造一個環境，讓演員、道具、攝影機在其中運動，最後，呈現出作品。

以這案子來說，我找到了金老師，他的演技如此精湛，同時腳本為他量身訂做，他不必做他不擅長的事，只需要在良好的狀態裡，說出發人深省的話語。

為了讓他這最好的資源達到效用，我必須很膽小地在拍片前計算，設計好環境，讓金老師舒服愉快地在其中，拍片當天就會非常輕鬆。甚至可以說，只要環境搞定，片子就拍好了。

雨天備案

但是，會下大雨，而且是豪雨。

知道拍攝那一週會下大雨，而且，幾乎沒有放晴的機會。因此在找場景時，我拜託製片要有雨天備案，他們很辛苦地到處翻找。確實是翻找，因為我們會經過許多地方，但視而不見。但專業的製片和場勘，都擁有精細的觀察力，他們總是在路上把眼睛打開，總是在關注周遭環境。我們習慣錯過很多地方，必須坐下來，好好回溯記憶，這過程也很像腦力激盪。比較傑出的製片這時會跳出來，說出令人驚喜的答案。

可是下雨天，怎麼跑步呢？通常的做法就是，天氣不好，等天氣好啊。但金老師的檔期只有那一天，好不容易敲到時間，一定得拍，天氣因素必須要克服。

克服，是最好的客服

克服其實是最好的客服。

當你可以克服客戶的問題，就不必刻意做客戶服務，因為任何客服都可以被取代，但客戶需要你的時候，你是無法取代的。

而克服之後，你也會對自己有信心，這時就可以進階到另一個階段，你可以拒絕奧客，因為客戶需要你，多過你需要客戶。

但，在那之前，還是要拚命克服。回到客觀事實，下雨還是無法跑步啊！

有人提出跑步機，我說，那看起來很局限，彷彿人生的道路，拚命跑著，但哪裡都去不了。

沒想到，辛苦的製片們竟然找到透光的室內跑道！製片給我看照片時，我很開心，原來我們的運動中心做得這麼完備，更重要的是這在符號學上的意義。

選擇跑道

人生的跑道上，總是會有風雨，如果準備得當，就能繼續前進。而所謂的準備，以現在而言，就是創意。在這透光的跑道上，看得見狂風暴雨，但是不會受傷，不會淋得狼狽，更不必停下腳步。

果然，金老師到現場也很驚訝，覺得這場地很棒，拍片時非常輕鬆，竟比預定時間少了一半以上，而且效果奇佳。

片子影響力很大，一週裡，已累計一億以上的瀏覽數了，恐怕是台灣有史以來最多人看的影片，而媒體費用竟都還沒開始花，表示很多人都對這議題有共鳴，想探究分享。

下一個十年。22K

是啊，人生的跑道，本來就是你的選擇，你跑得好不好，跑得快不快，本來就跟你選了怎樣的跑道有關，你讓自己跑得跌跌撞撞，讓自己跑得痛快淋漓，都沒關係，最重要的是，那是你的選擇，不是別人派給你的。

選擇跑道，比用力跑重要。

選擇環境，比用力拍片重要。

台灣已經在不斷要求拚經濟的壓力下太久。我們應該先停下腳步，問自己跑在怎樣的跑道上？想跑去哪裡？否則，跑得再用力，只是抽筋脫水，只是在不斷的害怕焦慮裡，催促彼此，往死亡的深淵去。

看看片子裡最後的提問，金老師看著你，他其實就是你自己，你該問問自己：

「下一個十年，你要在哪裡？」

「下一個十年，你會在哪裡？」

創意心法

01. 好創意並非得聲光效果俱足。找到對的人，創造適當環境，說出人們關心的故事。

02. 你一路都在克服各種問題，為自己也為別人，做最好的客服。

03. 不要盲目亂跑，問自己，也問別人，確定你的方向。

你那邊天空好嗎？

「抱怨完，就低頭做自己的事，因為什麼也不能做，說了也沒用？」
別人家的事，也極可能是你家的事。
在來得及之前，用任何你知道、做得到的方法，改變。

我覺得自己愈來愈不會做廣告

也許是因為傳統廣告愈來愈少人看，也許是覺得對自己在這產業裡浪費了許多資源感到自卑。所以，我現在比較愛做議題，畢竟人生能拍的片子有限，**還是做自己感興趣的好，還是**

做別人或許會在意的東西好。因為作品，可能還是比較強的動能，我是說對於創作而言。

有個作品，花了我很多心力，應該說很傷神，因為製作過程裡，我一位好友走了。這是一個關於空汙議題的片子，這幾年冬天，台灣西部天空老是陷入灰濛濛，要跑步得先看一下空氣品質。好空氣的日子愈來愈少，嚴重限制了我戶外活動的機會。去年冬天更誇張，好空氣比壞空氣的日子還少，無法運動的我整個快瘋掉。

我發現，身旁的朋友都在抱怨，看著天空抱怨，然後就低頭做自己的事，因為覺得什麼也不能做，說了也沒用。我也是這樣。直到發現，身旁的朋友、朋友的家人罹患肺腺癌，而且都是在四十歲上下的年紀。那已經不是「今天空氣不好不要出去玩喔」這麼輕鬆的問題了。這一題，很難，大概就是人生課題最高等級了。

這或多或少跟空氣汙染有關係，我想，是不是因為我們都不講話，所以他們就繼續這樣做？是不是我們讓這事繼續發生的？

爸媽你們要快走

後來，我又聽到一個更辛酸的故事，就決定拍成影片。一對夫妻的孩子不菸不酒，卻在十八歲就癌症過世了。父母親很想念孩子，很想聽聽他的聲音，沒想到，真的聽見了。

孩子來到夢裡，跟爸媽說：「爸媽你們要快走，不然會跟我一樣。」在那之前，祖父母也都癌症過世了。於是，這對夫妻拋下居住多年的家園，把家當搬到貨車上，在山林裡飄蕩，尋找好空氣的地方，成為人家說的「環境吉普賽人」，居無定所，因環境汙染被迫遷徙。

這不是幾十年前的事，也不是遙遠落後國家的故事，這是正發生在台灣的故事。

父母都是愛孩子的，總是想方設法照顧孩子。而這故事重中之重，就在於，竟是死去的孩子來警示父母。那已不只是白髮人送黑髮人的悲悽，而是有點違反生物繁殖下一代的逆天了。

Storyline

黑底白字，聲音傳出

VO/SUPER：你好嗎？你那邊天空好嗎？

翠綠高山林間，一對夫妻從貨車上下來

VO：這裡是美麗之島，但發生的故事並不總是美麗……

伸著懶腰，太太深呼吸，吸了口氣。

她抬頭看了看天空，透過樹蔭，天空特寫。

樹林間，他們開始一天的生活。

母：我們不是人家現在流行的那種露營啦。

兩人在林間，上下貨車，整理家用、飲食。

VO：他們是環境吉普賽人。

男子拿起一張照片。

母：我兒子，帥噢！

男子看向正在忙著整理的妻子，妻子低頭不語。

母：他會永遠這麼帥。

特寫手上的照片，年邁的手微微顫抖。

VO：看得出來，他們很想他。

林間，夫妻緩緩散步。

VO：他們很想聽到兒子的聲音。

空無一人的森林裡，突然傳來兒子的聲音。

VO：也真的聽到了。

畫外音（兒：阿爸）

跳接場景，家中，夫妻坐在客廳看電視。

兒：阿爸，我回來了。

兒子從外頭回來，父母責備。

父：你去哪裡玩，這麼晚回來？

母：嘿啊，都沒打電話！

兒：拍寫啦，我不是回來了？

父：你以後這樣我揍你哦！

母：好啦，回來就好了

兒子忽然激動，握著雙親的手說：

兒：不過，阿爸阿母，你們要快走。沒走，你們會跟我一樣。

父母兩人對望，不懂孩子在說什麼。

兒子很激動的流淚，母親心急的哭了，父親也跟著哭了。

特寫父親哭泣的臉。

哭泣的母親突然睜開眼，原來剛剛是夢。

看向床頭，是孩子的遺照

VO：兒子不菸不酒，年紀輕輕就癌症過世。

他起身，開出小貨車，把家當搬上車，馬桶、廚具也安裝上車。

VO：託夢要雙親離開家鄉。

風吹著，夫妻倆難過地開車，離開村落。

沿途的風景，煙霧迷濛，如同山水畫。

VO：活在浪漫的山水畫裡，一點也不浪漫。

各地汙染影像

VO：這島上，很多父母為了給孩子安全的環境，只好不斷搬家。

跳接森林場景，父親牽著妻的手，在林間漫步。

VO：他們住到車上，在山林間飄蕩，
尋找好空氣的地方。

貨車擋風玻璃裡，兒子的照片凝視著鏡頭。

VO：成為環境吉普賽人，因環境汙染被迫遷徙。

人們努力工作的畫面

VO：為了家人努力工作或許是人們心中的第一名，
但家人的健康才是最重要的，不是嗎？

森林裡，母親抬頭看向林間的天空。

母：有時，我也會想罵老天爺。
不過，想到一半，我就罵不下去。

公路上行駛的車窗外，工業區正排放著廢氣。

母：因為，不是天公伯害ㄟ。

林間，兩人互相扶持，身影漸漸消失。

VO：不要覺得這是別人家的事。

城市景，迷濛的天空

VO：因為天空是相連的。

台灣不同地方的天空，一樣迷濛。

VO：你有勇氣看看天空嗎？

你有勇氣看看家人的天空嗎？

黑畫面

VO：你好嗎？

你那邊天空好嗎？

兩夫妻站在山林間面對鏡頭，

孩子浮現，彷彿團圓。

VO：用勇氣守護家人，

在來得及之前。

你那邊天空好嗎？

方文琳小姐

聽完故事哭得唏哩花啦的我打定主意，一定要試著讓人們知道，這也太揪心了。空氣是世上最公平的東西，不管你姓什麼背景如何，都得呼吸一樣的空氣，都得面對最重要的這事，但我們無視。

這故事在勇敢的客戶支持下，終於有了執行的資源。中間還聽聞客戶努力爭取，甚至除夕夜凌晨還在為這支片開會。我非常感動，下定決心一定要好好完成。

找了攝影師，好好的像過往我們合作的默契一樣，先仔細把故事講過一遍，好好的講我拍這部影片的初衷，平時比我還在乎孩子生存環境的攝影師一聽完，馬上就有想法，往下進行。

有了好的執行團隊，那誰來說故事好呢？製片們費了好大心思，幾乎把當代適合的優秀演員時間檔期都掃過一輪，正感到苦惱之際，突然間，方文琳小姐回覆願意接演。

這真是天大的好消息。方小姐不只是我們的偶像，更是影后，有她參與，這故事一定會讓更多人感動。從未接過微電影的她，原來是因為讀了劇本，想到自己也是有孩子的人，因此破例參與。

我真的很高興這片子能有如此實力堅強的演員參與。但，突然，壞消息來了。

醫院衝擊

我生病的好朋友，突然狀況不佳，住進醫院。而且，急轉直下，身體狀況嚴重惡化。但帥氣的他，儘管有點意識不清，卻仍不改搞笑本性，我去看他時，他依然舉手跟我敬禮，在那氣氛凝重的病房，我當場大笑了出來，直說都什麼時候了，還跟我開玩笑，心裡更覺得，他實在是個很重視朋友的人。

隔天，他竟就走了。

真的很難想像，一個還在跟你嘻笑打招呼的人，怎麼會突然消失呢？

那幾天實在無心工作，想著自己的人生到底有什麼意義，我的工作有什麼意思？沒有答案的我，只能想辦法把片子拍出來，然後，再思考。

天空的視角

為了要拍到最清澈的天空，我們不斷等待最好的天氣，甚至拍攝地點還選在兩個不同的地方，一個是東北角，一個在中部山區。而且，從平地到海拔一千多公尺，從城市到田園，又從碧綠大地到灰色工業區，當然，也從好空氣的地方到壞空氣的地方。連續兩天的拍攝工作，從早到晚，對工作人員都是很大的負荷，還好，他們都願意幫我。

期間，攝影師提出「天空的視角」概念。他說，天空本來好好的，是人把它弄糟的，但天空依舊在那裡。還有，那些汙染的事，一般人可能沒機會看到，但天空一直看著，靜靜的看著，看著我們把自己的環境弄壞，然後生病。我聽了，很感動，覺得確實該試著來拍拍看。

沒想到，在汙染最嚴重的區域，我們的無人機一飛上去，就被強大的風力影響，整個失控，最後還被吹走，消失無影蹤。那種感覺，很像是天空在回應我們，帶著點怒氣，很像是，既然你們問起，那就直截了當告訴你，它其實並不開心。

攝影師在附近方圓一公里找了好久，怎麼也找不到。那架無人機，見證了我們對環境應當有的敬畏。

醒不來的惡夢

拍攝過程裡，夜裡，父母等孩子回家的那場戲，對於故事來說，非常的重，非常的沉重，也非常的重要。深夜，孩子從外頭回來，爸媽從靜候孩子入門、爸爸發飆，再到媽媽打圓場安撫，孩子在低頭認錯後卻放聲痛哭，父母不明就裡焦急地也跟著哭了。

這場戲，我設想的是，當爸爸生氣質問兒子到底去哪裡，怎麼那麼晚回來，真正的答案是，孩子去了那邊，另一邊，天人永隔的那一邊。

而且，不管做父母的多麼兇地罵他，罵得再兇，都無法把他罵回來。再也無法回來。

孩子的難過，是因為再也回不了家，是因為自責對不起父母，無法再和爸媽在一起，更是因為擔心父母的身體，也將面對死亡的威脅。

父母的難過，是捨不得孩子的難過，更捨不得孩子的提早離場，更是種不甘心，明明什麼都沒做，卻得承受惡果；也是種無力感，明明什麼都想為孩子做，卻連把孩子留下都做不到。

我跟方小姐還有其他演員說明後，他們的表演就非常到位。

若這是場夢，絕對是父母的惡夢，更可怕的是，一場醒不過來的惡夢。

不哭，不哭

我自己的人生經歷，讓我總覺孩子可以哭，但不能讓爸媽哭，不能讓爸媽擔心。你自己的人生，想怎麼闖都沒關係，在外面遇到挫折難過時可以哭，但不可以回家哭，更不能讓爸媽因你而哭，因為爸媽會不知如何是好，會為幫不上忙而煩憂。這是我對自己的要求。

而做爸媽的更是不能哭，不管遇到什麼天大的事，都得勇敢撐住，因為孩子在看，再難過也不能在孩子面前哭，因為父母是孩子的天，不能讓孩子覺得天會有塌下來的時候。

可是，他們哭了，因為那苦難太過巨大，太難以承受。

還有，當然得哭，這時候不哭，哪時候哭？人類的情感是有意義的，家人之間的關係是最崇高的，這層關係要被奪去時，眼淚當然會奪眶而出。那眼淚，是憐惜，是不捨，是做為人的表徵。

拍攝時，我盯著螢幕，就大哭了。我想起了爸爸媽媽，想起我們的故事。差點忘記喊cut。

我常和爸爸尋常地生活對話，語多保留但又真切感受對方的關心，卻總在醒來後發現，原來那些全是夢，常常我因此哭醒，意識到自己再也不能跟爸爸噓寒問暖了，更為了夢中的歷歷在目而難受。難受的是，夢怎麼醒了，我還想跟爸爸多聊幾句啊。

孩子對父母的思念已是如此巨大沉重，那，更加在意孩子的父母呢？何況是孩子先走，對父母而言，苦痛恐怕不單是加倍。

我連此刻書寫，都想哭。

只是，我想多問一句，哭的為什麼是他們？哭的是什麼壞事都沒做並無能為力的他們？

答案

我不仇視經濟發展，我只是有疑惑，如果都沒命了，經濟發展又如何？更別提，經濟真的發展了嗎？我們真的有更好的物質生活了嗎？那個汙染最嚴重的地區，據說，經過了二十年，仍舊是最貧困的地方。那到底，是誰得利了？而那未分配給一般人的利益，真的巨大到值得讓別人家破人亡嗎？

看著天空，我沒有答案。

看著家人，我也有了答案。

創意心法

01. 觀察這世界最稀鬆平常、理所當然的好與不好，創意就在其中。
02. 創意就該發揮在處理人類最高等級的普世難題。
03. 調整觀察的視角、解讀的方式，看不一樣的風景。

我要學他笑笑的——南島榮耀林子偉

「當你的世界並不一直由你掌控、井然有序……」人家需要你時，你得隨時拿出來，否則就沒有下一次了。要能即時發揮，這也奠基在日常的累積當中。

歧視和珍視？

我決定去拍在美國努力的原住民棒球選手林子偉。

我常認為台灣是最不應該歧視和打壓原住民的國家，因為台灣在國際社會的處境，就跟原住民在我們社會裡的處境一樣，總是渺小被無視，總是被傷害打壓，總是努力想要創造屬於自己的光榮感。

這樣說起來，我們不但不該歧視原住民，更該跟他們學習，更該理解到，他們是我們的珍寶，是他們點亮了台灣。

記得有一次去國外玩，初識幾位外國友人，有人拿起吉他開始彈，另一個唱歌，還有人跳舞，一首接一首。我們只能張大嘴尷尬微笑，彼此互看，不知如何是好，真的有點糗，覺得沒辦法帶給新朋友有趣的東西，在學校的經驗和平常工作時的專業，那一刻一點也幫不上忙。

還好，當時有位原住民朋友一展歌喉，開心帶著我們一起跳舞，化解了現場的尷尬。我那時就想，我的這位原住民好友不但在工作上有專業，在生活裡有朋友，更能吸引朋友，充滿了魅力。而所謂的外交，不就是一個國家加總起來的個人魅力嗎？

進一步說，其實，原住民在很多國際場合，反而比誰都有實質影響力，不管是音樂、體育，我們總是為他們鼓掌叫好，總是把我們帶出去，讓我們被看見，讓世界意識到我們的存在，更幫我們交到朋友。台灣的原民，是台灣的鑽石，稀少並珍貴，每個都有獨特的光芒，每個都價值連城，每個都值得好好擦拭珍惜。

我想要做這件事，不只因為他們的好，而是因為他們真好，還有，尊重彼此也會讓我們這個島更好。

台灣就跟原民一樣，不必巨大，但可以偉大。

而那需要我們自己內部先有夠高的品味，懂得欣賞彼此，懂得肯定對方，才能讓光芒綻放，讓外界的眼睛接觸到那強光，並且讚嘆。

不只不該歧視，更該珍視。

Storyline

我們雖然不大
但請相信
在你裡面的　比世界更大
在每個場下的夜晚想著家人
在每個場上的夜晚想著家人在看
記得家人說的話
記得祖先說的話
相信自己的相信
拒絕別人的拒絕
用全力　大聲地
和家人打招呼
和世界打交道

南島榮耀 林子偉篇

有時好，有時差

我因為想調時差，所以比攝影製作團隊早一天出發，多了六小時在紐約的機會。而調時差最好的方法，就是在陽光照射下運動。我沒去過紐約，想用自己的腳去踩透紐約的十大景點，結果我先在豔陽下的中央公園跑了八公里多。是啊，都到中央公園了不跑步實在有點奇怪，只是跑得太開心，害我後來走那幾個景點有點鐵腿。

沒想到，這成了個祝福。

當天晚上十點多，製作團隊終於來到，我一個人去看洋基紅襪比賽，才回到飯店和大家會合。我說：「趕快吃點東西準備睡覺吧，你們加上轉機飛了近二十四小時，明天凌晨五點又要出門搭飛機到羅徹斯特。」

因為林子偉所屬的 3A球隊在羅徹斯特客場比賽，而羅徹斯特在哪呢？紐約州的西北方接近多倫多，已經快到國境了。

沒想到十一點左右，製片突然傳來訊息，「導演，我們等等討論一下。」

我回，「不必吧，明天去機場等飛機再討論就好了，你們快睡覺。」

接下來的訊息，嚇了我一跳，「導演，我們不飛了，子偉上大聯盟，明天來紐約比賽。」

雖然很替林子偉開心，但我們並沒有在紐約拍攝的準備呀！怎麼拍啊？

於是凌晨快兩點，我們在紐約街頭的咖啡館裡，咖啡一直倒，焦慮地討論著拍攝方式。

這時候，我想到，幾小時前，我不是才用自己的腳把 Midtown 整個逛過甚至跑過一輪嗎？所以我知道哪裡有城市獨特的風景，地鐵站外冒煙的街頭、鷹架、水窪、小公園、橋墩、隧道，甚至中央公園裡的小棒球場。我想，林子偉可以在這些地方跑步。

就連洋基球場也因為才剛去過，所以，我知道哪裡可以拍攝，哪裡不會被擋到，哪裡最接近球員休息室有適當的鏡位。對，沒錯，後來我們整場三小時就站在垃圾桶旁邊拍攝。

這當然是祝福，我總是相信世界上沒有什麼事是白費的，**你努力去感受世界，世界就會幫你給別人感受**。

你做的任何事，沒有叫做白費的。

一個人的勇敢

製片們兵荒馬亂重訂機票，原先飛羅徹斯特的機票無法取消只能作廢，還要加訂紐約到波士頓的機票，連球票都得重訂。因為，林子偉要上大聯盟了啊，我們當然要去拍大聯盟，而不是3A。

但林子偉上大聯盟，可不是我們想的那麼輕鬆。

後來訪談他時才曉得，我晚上十一點知道他要上大聯盟，他不過只早了十分鐘。

他晚上十點多得知自己要上，而且是隔天中午在紐約的比賽就得上場。凌晨四點多起來收東西，自己搭車到機場，才被告知飛機延遲，若要趕上比賽，就得搭 Uber，先往西到水牛城，再搭飛機往東飛紐約。過程中，球具、制服、鞋子、裝備，所有東西都得一個人扛。

我問，沒有人幫你嗎？你一個人嗎？

他說，一個人啊，就我自己搬來搬去呀。

當他抵達紐約已是近中午十二點，比賽要開始了，搭計程車還遇到大塞車，抵達球場時球迷都已經進場，東西一放下，換上球衣就得上場比賽，連熱身操都沒做，加上嚴重睡眠不足，完全不是在一個好的狀態裡。

我很驚訝，我說：「可是你一上場，就有一個很強勁的滾地球，你不但接到，還快速策動一個精采的雙殺守備耶，轉播員甚至大聲驚嘆。可你不是超累的，沒什麼睡！」

他微笑說：「對啊，所以我覺得頭昏昏的，眼前影像動很快啊。」他沒說的是，當人家需要你時，你得拿出來，否則就沒有下一次了。

這樣一個人的勇敢，好勇敢。

No Complain

他輕描淡寫的微笑，看在我眼裡，卻很感動。你知道，職業運動的世界，是非常殘酷的，運動員等於是商品，當人家要你上場，你就得馬上到場，而且要立刻發揮功能，否則可能會立即被拋棄。過程裡，沒有太多情義，沒有良善的體貼，你只能自己想辦法，並且隨時想辦法，因為問題會一直來。

還有，No Complain，他沒有任何抱怨，因為他想要做到他想做到的。

看著林子偉的微笑，我想，這不也是我們每一個人，努力想做點什麼的每一個人？這不也是我們國家在國際間的縮影？

後來的拍攝，雖然許多時候是在搶拍，是在找空隙，大概是我那一年最難拍的一支片。

但看著林子偉，我覺得自己，無法抱怨。

我想要學他，笑笑的。

創意心法

01. 你做的任何事，沒有一件是白做的，那都是準備。
02. 不按表操課有時會帶給你意想不到的創意靈感。
03. 自己想辦法，並且隨時想辦法，因為問題一直來一直來。

家家有本難念的經

「真實人生永遠比虛構故事來得精采。」
許多人生經驗化為作品，因為我在意。
好笑好哭好揪心之外，不論如何，都會好懷念。

天有不測風雲

我的母親，因為車禍腦傷失憶，給了我許多人生經驗，非常不同於我的同學們。很多時候，我不是感到難過，而是較平淡的悲傷，那些害怕痛苦，會隨著時間沖淡，但不保證不會再來。

我似乎是鏡像神經元相對發達的人，總是對家人朋友的難過，感到更加的難受。我很害怕家人受苦，這對年少的我有時是種負擔，儘管裝瘋賣傻的我不一定會顯露出來，可是心裡頭的不安常在沒有旁人的時候跑出來，這多少改變了我的生命。

大學時、當兵時、工作時，我常得狂奔上高鐵再直衝急診室，當你快樂的時候，心裡就會想，陽光燦爛日正當中，會不會有朵烏雲突然遮住視野，整個大地一片黑暗？

這種隱隱躲在後面窺探我愉悅生活的東西，似乎讓我有種及時行樂的傾向，在每個開心的時刻，盡量的嗨。

因為我在南一中門口聚精會神看著漫畫《沉默的艦隊》時，媽媽車禍命危；在大安森林公園享受第一個上班週末的夜晚，拿著啤酒聽著晚風吹送過來的音樂時，爸爸中風；愉快地送妻上班，笑談間電話鈴響，爸爸因大吐血急診病危；順利和客戶完成一個提案之際，媽媽走失，警察來電。

天有不測風雲，人有旦夕禍福，年紀輕輕的我倒是滿懂這句話。

不過，懂跟懂得處理，距離還很遙遠。

你要笑

我其實不太確定幸福時光要怎麼獲得，但我知道要把握，而當你把握住，就是幸福時光。

然後危難時刻也不知道要怎麼避免，但我知道要試著笑，因為笑的時候，就不會那麼害怕，那危難就會稍稍變小，稍稍……。

「患難生忍耐，忍耐生老練，老練生盼望，盼望必不致羞恥」；任何事都會不順利地順利完成，這是每次看著病床上的家人時，總會跟自己說的。儘管我練習的機會比別人多上了十幾次，我還是不夠熟練，我還是不夠勇敢。

不過，在家人面前，我會提醒自己要笑，否則你的擔憂會變成對方的抱歉。對方會因為讓你擔心，而怨恨自己，對方會因為讓你暫離了日常的軌道，而厭惡自己，而那明明不該是正在苦傷病痛中的人，應該再勉力扛起的擔子。

你要笑，就算眼睛酸楚流淚水，嘴角仍得上揚露出微笑。最好呢，連眼睛都不要波光粼粼，免得對方看見那閃光。如果可以，那多開幾個玩笑話，反正，目標就是哇哈哈滿堂彩，因為氣壓已經夠低，肩膀已經夠重，不需要再添加額外重量。

在這時代，我們都已是情緒過重者，需要減重了。

體諒體貼，叫人五體投地

在做這案子時，客戶非常暖心，很誠懇地看著我說，導演，很不好意思，要麻煩你面對自己的人生經驗。那一瞬間，我感到極度的被體貼。

要知道，拍片是個極度專業的商業行為，某些時候甚至是有些個現實冷酷的意味。突然被這樣充滿人性的關懷，我更加清楚這不只是一個商業委託，而是人跟人層次的合作。儘管本來就知道，但當被真實有溫度的言語關注，仍有種被擊中感，措手不及，溫暖地自空中墜落，頭下腳上飄落。

我有相當的信心可以拿出足夠專業高度的作品，但並不意味著我就可以客觀冷靜地保持距離看待自己曾經難捱的日子，更別提我習慣更用力地鑽回去，好掀開當初那些揪心但在日常裡刻意隱藏不去回想的摺疊層理。雖然，那終究是我自己的功課，毋須他人擦眼淚，但當有人拿出手帕來時，你還是會想落淚。

追求重量，就得有負重力

我總是在追求作品的重量。不得不說自己以前做了好多輕如鴻毛，沒有不好，但也沒有好。因為十年後回頭來看，輕易地被吹走，當時就算有貨幣挹入，也早就消失無影蹤，還不如，做些有重量的，免得人生風大。

不過，要有重量感，還得有負重力，否則扛不起，還會壓垮自己。苦情不是唯一，更會擾人，與其痛哭，不如失聲。

真實人生永遠比虛構故事來得精采，但對於創作者來說，也是驚險。你得確定自己扛得住。

「家家有本難念的經」，是關於一個成年兒子照顧失智母親，過程裡的辛酸笑淚。在社會的期待、工作的夾縫間，勉力為珍重卻也漸遠的母親做點什麼，做點回頭來說也稱不上什麼的什麼。而之間那些因為記憶的消逝所創造的故事，有些好笑，有些好哭，有些好揪心，但不論如何，都好懷念。

家家有本難念的經

不可輕之輕

回想我父親在照顧母親的過程裡，總是開著玩笑，嘻笑間，日子就過去了。所以當我跟宋少卿老師溝通時，便請他盡量風趣幽默地化解在家人面前的苦，加點甜好讓我們彼此都較能嚥得下去。

當然人前人後，在人後那些焦急，總是不斷在沒想到的狀況裡浮現。會議上最厭惡別人偷看手機的他，卻開始看了，因為媽媽走失過，讓他總得隨時注意媽媽的動向。更別提真的走失時，在辦公室裡接起電話時除了搞清楚狀況，還要口是心非安慰家人一定找得到。

天知道，曾在相同情境裡的我，那當下整個背脊冒汗快步在同事間走動，驚惶如螞蟻，卻還得試著假裝有信心。

不，不是假裝，是真的要有盼望，反正都這樣了，你害怕也是那樣，你禱告也是這樣，那還不如禱告，心裡多點平安，下的判斷還比較合理，比較能幫助家人。

不可重之重

幾場戲裡，我都得忍住，幾場戲，我也都忍不住，就在監看的螢幕前哭了，尤其宋少卿老師演出在醫院的那場戲。我父親在醫院過世時，媽媽在家，我請她來看最後一面，但她執意不肯。透過電話，我不清楚媽媽是不是真的不想來看爸爸，但我很清楚自己在那說來有點荒謬的情境裡，得試著好言相勸，勸到後來，都有種勸孩子去幼稚園上學的感覺。

後來，我總是回想，看了又如何呢？

他們倆相知相守幾十年，其中二十年，媽媽是在僅有五分鐘的記憶時間裡，她能夠倚賴的就是我的父親。而當父親也如同那淡去的記憶，緩緩自世上離去，我想，對我的母親而言，恐怕是比喪失記憶，更加巨大沉重，更加難以面對吧。

而不見，就不必說再見，說不定，還有機會在父親下班後再見。

那做為人子的我，又有什麼權利強迫她呢？

那些難念，終究難忘

演出我母親的譚艾珍老師，不單是戲劇大師，更是位甜美可愛的長輩。她挽著我的手，與我聊天，還要求跟我照相傳給女兒，原來她女兒同一天也在跟位導演開會，譚老師說她要證明她的導演比女兒的導演帥。

陽光下，我笑得開懷，因為譚老師其實和我母親長得十分相像，我已經好多年無法跟媽媽好好對談了，總是望著彼此，淡淡的無言。

開鏡後，我更是震懾住，譚老師太多表情神色都掌握得太好，完全就是失智症患者的驚惶，還有臉上那抹不安，甚至是對環境的陌生好奇，我透過螢幕，幾度落淚。我想這片子，再不濟，也能讓人理解失智症，更好的是，也許可以讓人們意識到，那樣的日子不僅不會消逝，更會是一種生活。

我不想要一支很沉重的片，我要一支很真實但也很有力量的片。因為很重，但你得舉起，因為日後你會想念當年那些用力，你會慶幸自己曾為家人出力，儘管一定還是會覺得自己做得不夠，但也會覺得自己做得夠。

因為，再多都不夠，因為是家人，因為家家有本難念的經。

因為，那些難念，終究難忘。

創意心法

01. 既然要做，就做有重量的、真實的作品。你會知道你曾出過力。

02. 作品要放在人跟人層次的合作，才會有溫度。

減少言語暴力——兒童福利聯盟

「故事的轉捩點，就是記憶點。」意想不到的轉折，能讓人們的認知徹底被翻轉，這樣的後座力特別強，更能強化你要餵養的概念。

打罵是教育？

時代會改變，觀念也會變化。我們小時候可能常聽父母輩的說「罵你是愛你好」，許多人受到傷害可能不自知，一直延續到成年。但其實不需用批判的角度來看，畢竟，任何事物都有當下的時空背景，只是隨著觀念改變，才有現代的世界觀。

也許有人會說，沒那麼嚴重吧，從小被打罵的我還不是活得好好的。不過很難說，說不定你本來會活得更好，可能會研發出癌症新藥，拯救大家的生命，但你沒有。有人說以前大家都這樣，對，但現在不是以前了。說起來，很久以前大家也都沒穿衣服，也不能投票選總統呢。時代變化了，我們或許也該跟著變化。

千萬不要誤以為我就知道什麼比較好。我對很多事情沒有答案，只有疑問。我只想請大家暫時放下二元對立的思考，就是你對我錯，我錯你就一定對的思維。真實世界裡，很多時候我們面對的都不是是非題，也不是單選題，比較接近複選題，更貼切的或許是申論題。

我們需要的是對話，不是對戰。尤其面對跟孩子有關的議題，這種高度跟未來有關的議題，誰能說自己一定對呢？誰又能說誰一定錯呢？多想一想總是好的，多為孩子想一想，應該是好的。畢竟，如果我們丈量的尺度是，未來。

設身處地下室

與其去批判對方的不對不好，不如平心靜氣，一起聊聊。畢竟，沒有誰是一定對的，更沒有不是的父母，只有還不是父母的父母。

或許，我們忘記自己當孩子的時候了，或許，我們並不確定孩子被教訓後，是什麼模樣。

我選擇同理心，讓人們去觀看、感受，讓人們成為孩子，另一個孩子。你孩子的同學。我想到的是，讓一個孩子去跟另個孩子說，說些什麼呢？

在學校幽暗的地下室，空無一人的黑暗角落，光線自上方斜斜射入，卻無法帶來光明，徒增現場的恐怖氣氛。一個身材較高大的孩子，正凶惡地對身形較瘦小的孩子叫罵。凶惡的大孩子把瘦小的孩子逼進角落裡，「我在跟你講話，你是不會看著我噢，你是白痴嗎？你沒聽到嗎？……」瘦小的孩子低頭不敢直視，大孩子甚至踹了旁邊的廢棄木桌，發出的巨大聲響讓人心生畏懼。

這是我們熟悉的霸凌場景。但故事在那凶惡的孩子講出「……你是我生的，我想怎樣就怎樣……」之後，開始扭轉，聽到這似乎感覺怪怪的，小學生怎麼可能生出另一個小學生？

故事的轉捩點，就是記憶點

只見，凶惡的孩子講完後頹然坐下，那些怒氣彷彿一下子不見了，他像洩了氣的球，整個人消掉。他看向地上，難過地吐出：「我爸媽都是這樣說我的。」他全身縮在一起，整個人比起剛才小了一號。

原來，這個看似霸凌同學的孩子，是在重現父母情緒失控時對他說的話。那些難聽的話語不是拿來罵同學的，是爸媽生氣時對他說的。

我喜愛這種轉捩點，讓原本以為在看霸凌行為的觀眾，整個認知被翻轉。也可想像觀看者可能會義憤填膺地指責這小孩怎麼這樣，直到後來才意識到，原來不是小孩如此凶惡，是大人實在可怕。

你要思索清楚，你要讓人記得什麼？不必是高深的道理，你不是在撰寫深奧的理論，沒必要用過度刁鑽的字眼炫耀你多聰明，你需要的是孩子也會懂的字眼，好讓孩子的爸媽懂。

記住，**轉捩點就是故事的記憶點**。當人詫異地張大嘴，就是你餵養他概念的最好時機，他會比較願意接受，比較願意省思。

轉捩點就是記憶點，甚至像是祭典，你得讓人留下印象。

兒福聯盟霸凌篇

效果，該是種自我要求

這作品很受矚目，因為大家都會立刻責怪霸凌別人的同學，很容易被劇情帶動。等到發現，原來談的是父母對孩子說話的態度時，後座力特別強。因為罵小孩很容易，但當大人自身被挑戰時，那瞬間真會有種說不出話來的感覺。

而那瞬間的無言以對，那瞬間的反躬自省，就是傳播的效果。

回過頭來說，公益團體每一筆預算都得來不易，因此我格外注重效果。我總是說，如果可以，就不要做廣告。廣告耗費的資源大，同樣的花費，或許花在個案身上，可以幫助更多人。

除非，真的有很想溝通的概念，才做傳播。以這為例，人們如果知道要留心對孩子語言的暴力，就能夠減少更多孩子受害，也能減少社會問題，等於減少了兒盟要處理的個案數。那才值得一做。

當然，也要謝謝每次參與公益廣告的團隊，他們多數都是業界最好的人才，卻願意拿不高的報酬，用最高規格的態度執行。有時影片內容相對於商業廣告甚至更有難度，卻只能用較少的資源來完成。我總是欽佩並感謝。

說起來，他們才是世上最有果效的人。

VR恐懼遊戲

接著要談的案子，嚴格說來，不算是我的點子。在接簡報時，兒盟的夥伴提到他們本來想做個VR遊戲，但請廠商來談後，發現費用過高，實在無法完成。

我一聽，覺得非常棒，回去後想了一陣子，覺得自己的點子沒有比較有力，於是厚著臉皮跟兒盟的夥伴說，那我們來做VR吧。兒盟的夥伴很好奇，可是預算不高，怎麼做呢？

我說，我們的目標不是做出一個VR遊戲，而是要讓人們看到像是有人在玩VR的影片。

原來，之前我和攝影師阿利在做「家家有本難念的經」時，他教了我個方法，就是把GoPro攝影機架在安全帽上，讓主角戴著，就會呈現主觀視角。這時任何動作都會臨場感十足，接近VR的效果。

那遊戲內容呢？

其實就是讓孩子戴上GoPro後，進入一個家庭場景。父親一看到他，就大聲責罵追打，他趕緊閃避，一路跑進臥室，跳上床，回頭看到氣急敗壞的父親追來，手上還拿著雜誌作勢要打他。他衝回客廳，跑向廚房，又被媽媽責罵，繞過餐桌，再跑回客廳。這時遊戲畫面裡的能量已經愈降愈低，發出激烈的警報聲。終於，他被爸爸逮住。爸爸用力把雜誌砸向地板，巨大的聲響，嚇得他都尿濕了褲子。

這時旁白出來：「遊戲可以逃開，孩子卻很難逃離父母。」遊戲畫面暫停，定格畫面裡，爸媽生氣的表情讓人害怕，並出現遊戲開始儲存進度，字幕出現：「每次的情緒失控，都將在孩子的記憶留存很久。」

失控遊戲

假的都很難受了，那真的呢？

拍攝時，孩子演員很棒，都能夠按照我們給的路徑建議，甚至，連我說要回頭幾次，都精確無比，毫無失誤。也幸虧他那麼聰明，這支片才有機會完成，因為他是演員，同時也是攝影師，攝影機在他頭上，他幾乎完全決定整支影片的畫面構成。

只是，我比較在意的是，很怕他在拍片過程裡心理受傷。每次一喊 cut，我就要跟他再說一次，這是假的，只是在演戲。

一如前支用霸凌談言語暴力的片子，我在一旁聽都很難受，而我已經是成人，經歷過當兵、社會等較粗暴的對待。孩子才來到這世上幾年，卻有可能得面對這種話語。可怕的是，他可能沒有逃避的機會，因為發生的場景，就在家裡。

如果假的都叫人難以忍受了，那真的呢？

平衡點

教養孩子的理論很多，每個人都曾經是孩子，每個人也可能都有自己的看法。我不是專家，更只是個普通的孩子，很多教養的專業不懂。

也許有人說，自己從小被打到大也沒怎樣，那可能證明你是位人格健全心理強壯的人。不過，並不是每個人都那麼幸運。

許多心理學理論都談到，幼時面對的暴力，不但會成為陰影，影響性格發展，更可能讓受傷害的孩子，在長大後以相同的方式對待別人。

這樣說好了，你不覺得，台灣當代暴力的話語瀰漫嗎？會不會，也跟過去我們所受的教育有關呢？我們受傷了，卻不自知，再以相同方式對待他人？

或許，在打罵和溺愛間，我們有機會找到平衡點。

對話，來自對的位置

先不論打罵到底是不是種教育，至少同理心，總該是我們想帶給孩子的。

這作品其實就是在溝通同理心，也許孩子有不對的地方，也許孩子有需要教導的地方，但當他擔心害怕的對象是父母時，從你們人生的關係來看，是不是有點可惜？

也許，站在孩子的角度感受一下，或許不對的還是孩子，但父母會不會有機會稍稍體諒，理解他的恐懼呢？

現代社會因為忙碌，普遍缺乏時間，因此總是尋求快速有效。某些時候，我們也會因為心急而失控，雖然出發點是好的，但終點不一定是。因為快速並不一定有效，可能只是當下的靜默，關上溝通的大門而已。

同樣狀況，或許，也不單發生在跟孩子的溝通。網路上的對話，是不是也常有擦槍走火，自己論調講不清楚外，更惹來彼此沒必要的負面情緒？

或許，我們都可以，稍稍再想一想。

我不是教養孩子的專家，但我多少懂一點傳播溝通。如果不想要你的消費者，像被罵的孩子一樣逃避你，那就不要只是用大媒體量轟炸他，不要只是講你想講的，不要只在乎你想要他做的。想想他在想什麼，想想他需要什麼。

你可以和人對話，如果你找到對的位置。
通常那就是，對方的位置。

創意心法

01. 跳脫故事慣常設定的角色、視角，老套自然會遠離。
02. 不要只看自己想看的，想想他在想什麼，想想他需要什麼。
03. 在情節中埋藏轉捩點，在轉捩點上凸顯重點。

記憶在手心——故宮

「當產品具有國際級的等級，卻沒有受到國際級的關注……」
打造品牌，首要創造的是與消費者之間的關聯性。
更在意消費者的生活，更認真賦予它意義，塑造獨特的形象。

屬於我們的記憶和光榮感

面對一個題目，要為國立故宮博物院行銷，這是極有意義的工作，我真心誠意努力思索著。
首先，有個相對淺層的題目，人們為什麼不再去故宮了？

有個大學生跟我說，東西都看過了。

我猜這一定是錯誤印象。故宮典藏包羅萬象，總是不斷在輪轉，除了館員，應該沒人全看過。

有人說，裡面的都是舊東西。

那你還飛去看大英博物館，難道那裡的東西是最新科技嗎？

可是，當我提示，故宮是全球六大博物館之一，和大英博物館同等級，許多歐洲人來亞洲的重點行程，就是來台灣的故宮，許多人就會有興趣。換句話說，故宮的產品優勢是存在的，只是傳播上要讓故宮再度回到人們出遊的清單上。

我認為，要再度創造故宮和台灣在地民眾的關聯性。

同時，我也想讓每位故宮的員工，找回光榮感。他們在世界一流的博物館工作，一如我們去羅浮宮、大英博物館時看見的每位館員。他們昂首闊步，對自身工作感到驕傲，自豪於專業的表現。我認為每位館員都值得這樣的自我認知，也確實做得到。

只要人們意識到，故宮是世界級的人類重要文化遺產，我們該感到光榮。而答案一定是在情感上的關聯，讓故宮重回人們的生活。

到底在珍惜什麼？

故宮典藏的當然是文物，而文物代表的又是什麼意義呢？

我想起小時候爸媽帶我們去博物館，因為人多，總是叫我們要緊緊牽好手。我的女兒盧願現在兩歲，我也是這麼諄諄告誡著，深怕在茫茫人海裡失去彼此蹤影。

我想到，我們對待文化藝術，不也是如此嗎？珍視收藏，因為它是我們願意付出心力的，更因為它是少數可以抵擋時間大神的無情沖刷，標誌出人類生活經驗裡美好的部分。

有趣的是，我們和家人的相處也是，時間有限，品質更沒保證。就算再怎麼有心，疾病意外總在意料之外時降臨，奪走原本不在意，如今卻懊悔不已的相處時光。直到現在，我還是常夢見父親，跟他一起日常生活。醒來發現是夢，難過得想哭。儘管，我也是人家的父親了。

我們總是珍惜失去的。那在失去之前，我們不能做點什麼嗎？不能真的珍惜嗎？

個人，永遠是最好的加分題

我非常非常想念我的父親，可是現實裡我好像無法可施。我想起了得獎影集「這就是我們」（*This Is Us*），裡頭每個人都很想念父親，每個人都在生命裡做不同的事，好以自己的方式紀念父親。那我呢？我有什麼可以做的，好紀念我和父親？

我也在想，我在顧顧眼中，是什麼形象？是什麼模樣？我和她的故事，從她的角度看，到底是什麼呢？未來她會珍惜我們得來不易的關係嗎？她知道我每一次跟她玩，都是在推掉工作後嗎？

我不知道答案，但這是一個題目。

這一題，是我給自己額外的一題，在客戶給的題目以外，但也是加分題。當我想出來時，應該會對客戶的作品加分，因為我只是個平凡人，而我的問題，很有機會也是他人在乎的，只要我答得出來。同時，也讓我在工作裡，找到自己的意義。

否則，珍惜就只是嘴巴講的珍惜，你珍惜和不珍惜，到底差在哪裡？個人，不是 personal 而已，而是一個人，有機會打動另個人。

對時間大神的逆襲

我總覺得，失智症是種帶點哲學意義的神祕疾病，它彷彿是上帝創作出來要人們停止庸碌生活，仔細清點眼前生命關係的禮物。

失智症令人難受的，不是失去生活自理能力而已，不只是忘記回家的路，而是關於家人記憶的喪失，在茫茫人海中弄丟了家人，似乎帶著點詩意，卻又如此殘酷。因為當你忘記了，是不是那些曾經發生的美好，就不存在，就失去意義了？

我們對這必然宿命，可以做的最大違逆，不就是更加在意，更認真賦予它意義？

假如，記憶終究會喪失，那當下不就該更把握？
假如，時間會過去，那當下不是更該記得哭笑，盡情生活？

一道光，照亮黑暗

後來為故宮拍了支片，寫了首歌，過程雖然耗費大量時間精力，但因為想談的是自己在意的事，就一點也不覺得累了。

「文物珍貴，不只是少有而已，而是人類文化記憶的凝聚。它就是一道光，照亮時間洪流裡黑暗的角落。」

提著鋼筆，我這樣寫下。把核心意念定調了，文物如同記憶，我們珍視，並賦予意義，也因為那意義，讓我們自身不再沒有意義，一如我們珍視家人。

後來這段文字，也成為劇中主角面對自身在乎的工作，和父親可能逝去的記憶，自我的鼓勵和肯定。

一生的修為

一對父女分別在不同時期任職於故宮。退休後的父親罹患失智症，女兒仍舊記得當年父親對工作的熱愛和執著，也以相同的態度在崗位上小心翼翼地對待文物，並珍惜和父親相處的每一天每一年。

我請王道老師扮演父親，做為一位處長，他專業嚴謹，總是竭盡心力關注他所負責的文物典藏，就算……他已經退休了。他循著過去每天的路程，一個展間一個展間仔細檢視，甚至還走進會議室裡開例行會議，直到被同樣在故宮任職的女兒謝盈萱發現，趕緊帶出。

王道老師氣宇非凡不在話下，果然是曾經主演過幾十部電影的俠客，氣勢鎮全場，更和國寶文物相輝映。謝盈萱同樣駕輕就熟，演技收放自如，情感自然流露。

可是，要執行拍片的我們卻是膽顫心驚，因為裡頭全是歷史評價極高的重要文物，一樣我們都賠不起。而且故宮遊客絡繹不絕，就影片執行的角度看，絕對是無法克服的。

謝謝館方協助，總算協調出一個閉館時間拍攝。工作人員加上臨演浩浩蕩蕩，在日間在夜裡，努力來回著，深怕自己的工作成果玷汙國寶的光彩。幸虧有許多的幫助和投入，勉強對得起這些把一輩子奉獻在國家文化裡的館方人員。面對他們一生的修為，我想，王道和謝盈萱兩位老師的表演，是撐得起來的，因為萬分在意。

你是你在意的，你在意的，會代表你。

兩歲女兒的手寫字

戲裡，一位友人到家中欣賞牆上一幅幅的字畫，突然發現某幅字很不一樣，於是停下來問王道老師。正苦惱著顫抖的手寫不好毛筆字，遲遲無法下筆的王老師聽到後，抬頭，看向那字，露出了微笑，回答：「我女兒兩歲時寫的。」

其實那是有天，我趴在桌上整理腳本時，願願搖晃著腳步走過來，說要給我一封信。接過來一看是張厚紙板，上面用原子筆，寫了一個一個像字的東西，字體奇特有點像是象形文字，且各自獨立，不像塗鴉亂畫，覺得非常有趣，於是就把它放進故事裡了。

看著願在一旁玩耍，想像我拉著她的手四處去玩，想起曾牽著坐在輪椅上的媽媽的手，想著最後握住已意識不清的爸爸的手，我試著寫下一首歌，請老師作曲配唱。

〈記憶在手心〉歌詞

溫熱的手心是記憶
消逝的記憶是恐懼
勝過恐懼的是手心

不管在哪邊　你站在我這邊
在溪邊天邊山邊和海邊
在床邊有你的那邊

在意　就有意義
記憶在手心，緊握就不忘記

牽你的手
我相信可以奔跑得很遠　一定

牽你的手　我們可以一起抓住這時間
記憶在手心，緊握就不忘記
記憶在手心，緊握就不忘記

故事的宮殿：
記憶在手心

大師級的表演

謝盈萱做為劇場天后，表演真是精湛。片中最重的一場戲，是在雞蛋花下等父親，沒想到父親竟叫她小姐，害怕父親總有一天忘記她的恐懼成真了，幾乎就要潸然落淚，卻又在發現父親是鬧她玩時，含淚笑了出來。這場戲，她的表情變化是重點，也是極為吃重的表演。但一旁車水馬龍，仍有許多遊客進出，實在很不容易入戲。幸虧是由謝盈萱擔綱，有足夠的定力，才有好結果。

而王道老師從面無表情地假裝不認識到燦然而笑，繼而深情望向女兒，說「一起吃個飯吧」，也是一氣呵成，讓人動容，完全感受得到父母對兒女唯一的冀望，不過是尋常地吃飯家常。我盯著現場螢幕，淚水幾乎就要落下，想到我的父母，更想到我和我的女兒，**有些東西那麼尋常，卻又那麼重要**。

王道老師和謝盈萱一場在餐桌上的戲，也讓我很被打動。王道老師雖然顫抖著手，連自己的飯都吃不好，卻仍勉力、顫顫巍巍地夾起一塊肉到女兒碗裡，女兒被父親的動作觸碰到心坎裡。讓我想到爸媽就算自己沒有任何娛樂活動，卻總想著要供我任何所需。

我想，那是一種天性。而能夠把這種細微給表現得如此完好，懂得咀嚼滋味的，便是生命裡的大師了。看著兩位表演工作者，我很佩服。

大師不是自己叫的，是拿得出來的。

記憶在手心，緊握就不忘記

父親的手很大，比世界還大，總帶著我們去理解世界。但父親年老了呢？面對他無法掌握的變化，做兒女又能如何呢？也許就像當初，他牽我們的手闖蕩，他握我們的手寫字，我們也可以緊握他的手，不只是為了把路走好，也不只為了把字寫好，而是溫熱的手心，就是記憶。手心只要緊握住，就不會忘記。

對於文物，對於家人，我們總有許多難以割捨，卻也有太多難以負荷。但只要記得笑，記得哭，記得每個該記得的，就夠了，就足了。

面對消逝，誰也沒有把握，

但誰也都可以把握。

記憶在手心，緊握就不忘記。

創意心法

01. 搭建起情感上的連結，讓你想傳達的進入人們生活裡。
02. 懂得咀嚼尋常裡的滋味，便是生命裡的大師。

術

C

創作技
練擊場

創作環境力——創作你的場所
創作行動力——跨領域去
創作態度力——真的假的？
創作命題力——你現在支持的
創作品牌力——紅襪的 *Sweet Caroline*

創作環境力——
創作你的場所

「有趣的事情太多分散了注意力……」

不必舒服的地方才能創作，不必高級的地方才有好想法。

你要掌控全場，你要掌控你自己，你要真的趴下去，做。

在餐廳裡讀書

跟你說哦，我是個非常容易分心的人。我曾經以為這會是個困擾，直到有一天突然意識到，當我在看喜歡的書的時候，並沒有意識到周圍的吵雜聲。那當下，我在一個客滿的海鮮中餐廳，週末的晚餐時分，每桌都坐滿了人，每個人都開心的大吼，因為不大吼，他們聽不到自己的聲音，更聽不到對方的聲音。而且那些個喊拳破音的喧鬧聲，其實比格鬥武術館裡的揮拳喊聲還大上許多。

我竟毫無感受。

我意識到，原來，當你在你喜歡的事物裡，你就會專心。因為其他的，不值得你分心。

問題來了。如果現在非得做你不喜歡的事呢？

這絕對是個大問題，因為多數時候，我們都得做自己不喜歡的事。就拿我的經驗來說好了，以前在學校上課，就像在當兵，就像……你知道的，那些個你並不感到光彩，也不會想在約會時跟你的對象講的。

麻煩是，你不喜歡的，你很難讓別人喜歡，別人一眼就看出來了。

最重要的是，當你以勉強的方式做的事，你只是在勉強滿足別人的需求，你不會放進心力，你不會有深入的思考，你更不會有強烈的情感投射。勉強的你是沒有感情的，無情的，大概跟劊子手一樣，你只是在那個，消磨。

台語裡的消磨，念起來就很消磨，有種厭世感，詳情之後有空我們再來請教專家厭世姬。我很怕消磨時間，因為我的時間不多，我想做的事又特別多。解決方法是什麼呢？

伏地挺身、站起、跳

首先你做一下伏地挺身，接著快速把兩腿往前收起，然後雙手撐地用力站立起來，同時藉這個力量順勢往上用力跳，在落下來的時候，快速恢復成伏地挺身，並盡快再做一下。這可是海豹部隊的體能訓練動作，也是我的創作動作。

尤其在無法專心的時候。

快速做這動作時會很喘，而且你得聚精會神，否則一定做不起來。於是，在你氣喘吁吁地回到位子時，你把自己聚成一塊了，put yourself together。並不是說英文就厲害，但，把一塊塊分散四處的自己，重新聚攏，你想想，是不是光說就很有視覺效果呀？

我常覺得無法專心的我，不是真的無法專心，是因為有太多有趣的事物分散注意力。其實過去在草原上有個民族，為了快速反應隨時會出現的猛獸威脅，練就了不斷「分心」的能力。

說起來，我們多少也是這樣。想要趕快回覆 LINE 上的訊息，又準備看 email，還想知道是不是有誰在FB上給你的早餐加咖啡照按讚或回應了什麼，更別提同張照片在IG上是不是也有了很多顆愛心。這些都是事後激勵你創作的元素，但在真正創作的時候，恐怕不是太好的幫助，那會讓你分心，讓你的心碎成一片一片的。

運動是很好的工具，它幫你如拼圖般把自己一塊塊拼回來，**當你能控制你的身體時，你就可以控制你的心靈**。

找到自己

我建議你，至少先找到一個自己。

你說，什麼一個自己啊，莫名其妙的說法。不，請聽我說。

我們通常有好幾個自己，人家的兒子、駕駛、跑者、吃飯的客人、人家的爸爸、接到銀行放款來電的人……，這一大堆的自己，哪個最能代表你呢？

或者哪個是你最在意的？

大概不會是接銀行來電的那個吧。為什麼？因為你知道你是在成就另一個人，不是你自己。

以我為例，我現在最在意的身分，是父親。我常開玩笑說，我的主業是做爸爸，當導演、寫作、分享，都只是副業。我很喜歡這個身分，很在乎這個身分，就會讓我的心力投入，試著去做到我認為的最好。

你最關注的是什麼身分呢？你最想把它做好的是什麼呢？我們思考它，就會慢慢意識到那對自己的意義，然後好讓我們因此願意讓本來不夠關注的變得好一些。

你是誰？你想做什麼？

財寶在哪裡，心就在哪裡

我覺得，我是因為愛我的女兒願願，而喜歡當爸爸要做的那些事。那些明明很浪費時間，也沒錢賺，更不太有效率，很累很耗力氣，並且，當你做好時，別人也看不見的事。

以現在的字眼來說，就是一點也不划算。

那我為什麼還一直做那些呢？因為，我愛。

《聖經》裡有句名言，「財寶在哪裡，心就在哪裡」。女兒是我人生最重要的作品，我的心思自然全放在她身上。我常常需要思考如何解決她的問題，滿足她的需求，哄她睡覺，幫助她不無聊，回答她對這世界的疑問。更重要的是，我要預見她將來會遇到的問題，想辦法提早幫她解決。

比方空汙的問題，長照的問題，貧富差距的問題，最後都被我放入作品裡。雖然我沒有答案，沒有解決方程式，但我想辦法提出來，讓大家跟我一起想辦法，試圖讓願願不必面對，那可能不太好的未來。

身為一個很容易分心的人，我想做的事很多。但不管多忙，我還是會四處到企業學界演講，盡可能分享我的觀點，看似無私，其實是很自私的。因為我演講的這些對象，就是將來可能影響我女兒人生的人，如果我能影響他們，那願願的未來就可能好一點。我喜歡幫助年輕人，其實是因為我想要他們幫助我的女兒。

所以，回到問題的原點，就是你對那問題有興趣，你對那件事有感覺，你想做這工作，所以你就有創意，就有解決問題的動力。

於是，又回到前一個題目，在這世上那麼多個你，此時此刻的你，想要怎樣的你？

請找到你自己。

人鬼殊途

你知道這句成語後面要接什麼嗎？

殊途同歸。

這是我某次運動時想到的。說起來，一定是我沒有好好學古文的關係。只是這兩個看似無關的成語，難免讓我想到，雖說人鬼殊途，但殊途同歸。人在這世上，總有許多種可能，總有許多值得去實現的自我。但最重要的還是自己的選擇，喜歡什麼，想成為什麼，然後有沒有成為自己想要的那個什麼。儘管最後，生命總有結束的一刻，不管選擇了什麼。

那麼，人是什麼呢？

鬼又是什麼呢？

鬼或許就是，不是人吧。

行為不像個人，感受不像個人，不是你自己心裡所認同的模樣，不是自己價值觀喜愛的，不符合自己認為一個人該有的定義。那終究會是很個人的選擇，很個人的偏好，反正，是人是鬼都一樣，最後都一樣。

話說回來，雖然一樣都是你，但人鬼殊途，你想成為自己心中的人，還是自己心中的鬼呢？

創作你的場所

你一定很納悶，這篇講的不該是場所嗎？怎麼到現在還沒談到場所？

先說我在哪裡，我在加州洛杉磯一個小山城。左邊有冬日九點鐘的陽光，九點鐘方向有一隻十二歲的狗叫比比，正隔著玻璃門看我；前方十二點鐘方向，我的姊夫正在裝水。我的電腦擺在一張大木桌上，前面是昨天的報紙，我剛看完，因為今天的還沒去買，右手腕前面是剛喝完的巴拿馬伊莉達農園，日曬，種植在巴魯火山國家公園一千八百五十公尺處。紅肉葡萄柚、梅子綠茶、紅棗甜、小紅莓果酸、黑巧克力尾韻，是它的口感。

這是我所在的場所。

幾小時前，周遭全黑，我聽得到的聲音，是身旁壓縮機如北風哭吼的咻咻聲。寂靜中我看不到其他生物，木桌又冰又冷，我又冰又冷。我也想鑽回被窩，但為了你，我假裝在面前正讀著這字的你，爬出和願願一起烘得熱呼呼的被窩，獨自在這裡，我想在她醒來前寫，否則等她起來，我得一手抱她，只能靠一隻手打字，當獨臂刀王。我的食指紅腫，半小時前，為了手沖那杯咖啡，迷糊間，我徒手握著了金屬滾燙的咖啡壺，痛，但打字得用到食指，我得忍。

這也是我所在的場所。

在一篇文字被創作出來前，我的場所似乎也跟生物一樣在生長變幻。但這些都不重要，因為那不是我創作的場所，那只是我在的地方。

我創作的場所，是我。

是那個我，那個要爬起來的我，那個做伏地挺身的我，那個有疑問不知道如何解的我，那個夜裡睡不著一直在想的我，那個想要拜託大家幫我解決問題的我，那個想要大家幫我解決明明也是大家的問題的我。

那才是我。

你不必到多舒服的地方才能創作，你也不必到多高級的地方才想得出好想法，做出好作品，你只要出席。**你只要出席，你就讓場所變成你的主場了**。不管上半場下半場，總之你要掌控全場，你要掌控你自己，你要真的趴下去，做。

關於創作的場所，真正的核心，其實，只有一個，就是創作，你得做，做出作品來。

關於創作的場所，剛不是有提到人鬼殊途嗎？人在的地方假使是人間，那鬼在的地方是哪裡呢？是地獄吧。

當你活得不像個人，你就是鬼，你所在的地方就是地獄。

不是誰把你的地方搞糟的，是你。
期待誰把你的地方搞好呢？是你。

人鬼殊途，就算殊途同歸，也要把你所在的地方變成天堂，因為你是人，就要把你活的地方，弄成人的地方。

當你那樣做，那就是創作你的場所。
那也是創作的一部分。

創意心法

01. 在無法專心的時候，站起來做伏地挺身。
02. 掌控自己，讓場所變成你的主場。
03. 找出自己最在意的部分、想扮演的角色，凡事以此出發。

創作行動力——跨領域去

「創意如何練習？」

一點點的不安感，好打開知覺，好重新敏銳感受，好重新觀察原本習以為常、毫不在意的環境。

熟悉那不熟悉的感覺

讓自己在不熟悉的地方，其實是種刺激，刺激你有不一樣的感受，也刺激你產生不一樣的觀點。我總覺得我們的消費行為其實是在試著擴展我們的人生經驗，讀一本有趣的書、看一部精采的電影、吃美味的食物、穿不同風格的衣服、開不一樣的車……。

你當然不必追求世界所習慣的規則，更不必從眾，不過，盡其可能用較少的資源，去擁有更多的經驗，好讓自己變得跟原來不太一樣，我覺得是可以有意識的去努力讓它發生。

人生最後的清點，點的是個人的生命經驗，可不是貨幣多寡。

不過不要誤會，所謂刺激，不一定是刺激性的感官經驗。多數時候，你可能會覺得一點也不刺激，甚至是單調、平淡，光只是平和，卻深入，也許花了較一般人理解來得多的時間，卻會有精采的回報。

然而，或許除了購買以外，我們也能有同樣會達到目的的其他可能。

跨文化生活經驗

我遇到一位旅居國外的創意人，我請教她有沒有什麼對創意養成的建議，她給我的是這個。她說，你一定得去不同的地方住，你要真的在那裡生活，而不是去觀光，尤其只是去觀光景點的那種觀光，那有點可惜，你無法嘗到原汁原味。

我也有強烈的感受，要去就去當地人平常買菜的菜市場，去他們孩子上學的小學校看看，更進一步，找當地的資深人士聊天，而且最好是各種不同立場的。因為你不可能擁有每一種生活經驗，所以要去偷別人的。這也是為什麼許多小說家、藝術家，常常需要旅居國外或是駐村創作了。

許多人知道宮崎駿大師為了讓他的創作能貼近童心，特別在他工作室旁開了間幼兒園，不但可以照顧員工的孩子，更重要的是，他把他的創作靈感來源——孩子，拉到身邊。他三不五時就會去幼兒園偷偷觀察這些孩子的行為，吸取創意的養分。

當然不是每個人都有餘裕旅居在一個地方，或是把別人的生活拉到自己所在處。那麼，至少，你可以去旅行。

旅行的不確定性，其實跟創作非常接近，你大概有個方向，但你並不確定這些環節是不是都如你的計畫，你得不斷修正，並臨場應變。而這個臨場應變，甚至會是瞬息萬變，比商場上還多樣快速且不可控。

回想你在職場上的每一天，不都有極高的可確定性？幾點到、幾點打卡、幾點開會、幾點沖咖啡、幾點收email、幾點罵人、幾點被罵、幾點開始想要吃什麼、幾點開始想睡、幾點開始想回家、都幾點了還不能回家……。這些千篇一律，看似牽扯的交易金額較高，但不確定性較低，於是，當你能夠從旅行中體會，並適應更加大幅度的變化時，你對創意的寬容度自然增加了，簡單來說，你就更加有創意了。

這也是為什麼頂尖的創意人都熱愛旅行，不是為了在ＩＧ炫耀他們去過的地方（好啦，多少有一點），更多的是在生活裡創造更高的不可預測性，好讓自己在專業領域裡，也能展現不同他人的想法和做法。

有時，我覺得那滿像是種將遠方拉到近處的觀靈會。在過去，我們要靠吟遊詩人來吟唱他方的故事，即使是現代，網路如此方便，旅行經驗還是很難用 WIFI 傳遞。或者，我該說，比起容易傳遞的知識，生命經驗更加珍貴，這也讓有意識的跨出去，變得較過往有價值。

不過在平常的日子裡，你也可以旅行，在每天的路徑上。

搭沒搭過的公車

這是我爸跟我說的。

他那時到台北重考，獨自一人，假日不知道要幹嘛，就從南陽街補習班附近的台北車站挑一輛公車，隨興上車，然後到沒見過的地方，又隨興下車，四處走走，再搭車回去。他說這是一種非常有安全感的冒險，因為公車終究會把你載回出發的地方，而你只需要付出非常便宜的公車票錢，就可以有完全沒有預期、沒有計畫的新鮮旅程。

我後來也試著這麼做。

我是台南市的小孩，不習慣搭公車。直到上台北工作，我想起爸爸這段奇妙旅程，就依樣畫葫蘆，不過是在另一種情境。記得那次是為了趕去上班，退伍後剛進職場菜得跟什麼一樣的我，摩托車竟壞了。大雨中，我只好搭公車。可是車一直沒來，我很焦急，雖然廣告公司上班時間相對自由，但以我的新鮮度，比老闆晚到恐怕也不太好。何況這是我的第一份工作。

心中的焦急真不好說，和同事不熟，沒人可以聯絡，孤獨又孤單的異鄉遊子，不敢隨便打電話跟老闆說會晚點到，大概是害怕請假會影響人家對我的印象吧。可是雨那麼大，車又一直不來，怎麼辦呢？

終於，煙雨濛濛間，公車來了。透過行道樹，我看到灰色的漸層裡，有個長方形物體慢慢接近，仔細看車號，欸，跟我該搭的差了一號，怎麼辦？算了，差一號應該差不多吧，就像門牌號碼一樣，應該會開到公司附近吧？再走過去就好。於是，我毅然決然地上了車。

大家應該立刻猜到我這北七行徑，創造的結果如何吧？我就這樣走上我父親的奇幻旅程，差別在於父親那時休假，我則是趕著去上班的小菜鳥。眼看車行方向非但不是朝我將去的光鮮亮麗信義區，而是出城上橋往翠綠市郊去。早知道，應該直接請假在家睡覺算了。

可是看著窗外陌生的景象不斷出現，你到了從未去過的地方，有種幼時外出遠足的新鮮感，更有種無法控制不知去向的感覺。而那種失控感，其實就是每次你在玩滑板、第一次騎腳踏車、第一次提案、第一次對三千人演講……，伴隨而來從背脊根處傳上來那有點癢癢有點緊張的感覺，那是你在千篇一律、充滿掌控的生活裡無法得到的，那很珍貴。

有時，我們追求的是這樣的刺激，不是不安全，而是一點點的不安感，好讓自己的知覺打開，好讓自己對環境重新有敏銳的感受，好讓自己能重新觀察原本習以為常、毫不在意的環境。

在既定的軌道上，不花太多代價卻有新的感受，不是賺到了嗎？

你最近迷路是什麼時候？

拆你的玩具

讓自己在不熟悉的地方，也不一定只能旅行、出外，**你可以讓熟悉的東西變得不熟悉就好**。

我小時候整天作怪，都在把東西弄壞。其實，不是真的把東西弄壞，比較像是讓它有不一樣的用途。被拆開的玩具，立刻增加了嶄新的用途，除了原本玩的功能外，還可以看到機械結構，讓人感受外表與內裡的不同。那種幻妙的感受，從你把它拆解開來的時候就發生，那絕對和你日常的生活經驗不一樣。

小至手機桌面的 app 到辦公桌的擺飾，大至家裡的家具調換位置，時常改變習慣的生活路徑，就會意外創造不同的生活氣息。現在抬頭，把你第一眼看到的器物拆開吧。那感覺，不純粹是樂趣，但一定是獨特的。

多給十元

跨出去，不單是地域性的跨出，更該是生活習慣的逾越，當然不必要是道德層次上的逾越，但可以是反向的行為。

比方說，我們買東西通常都會殺價。那，如果是給對方更多呢？如果你買菜，比對方要求的多給個十元，會怎樣呢？

通常對方一定會覺得你弄錯了，想退你錢。你可以拒絕，更可以進一步說明，因為你覺得他的菜漂亮，你願意為這次愉快的購買經驗付出較多，你猜對方的反應會是如何？一定是笑逐顏開，一定會綻放你今天見到最美的笑容。

只花十元，就可以看到最美的笑容，我問你，難道不值得嗎？

金錢是一種，情感交流也是，我喜歡和每個我買東西的對象聊天，因為我知道他們的工作很辛苦，有時也很枯燥無聊。他們也渴望除了價錢上砍殺的對話，我也渴望除了貨品外的生活故事交換，所以都會多花個十分鐘，跟他們聊聊市場、聊聊孩子的學校、聊聊生意好做難做。簡單說，我花一樣多的錢，除了享受商品外，我也享受另一個我沒時間也沒機會經歷的人生，就算只是千萬分之一，也是多得的。

我們很怕浪費時間，但到底省下來沒浪費的時間拿來幹嘛了呢？滑手機嗎？

如果你平常覺得浪費的，其實不是浪費呢？

光這樣想，不就是創意的開始嗎？

上帝問你的時候

怎麼創作新經驗，我也還在學習。不過有個朋友告訴我一個訣竅，我覺得滿受用的。

他說：「你知道，怎樣才能做好的事嗎？」

我說：「不知道。」

他說：「就是上帝每次問你的時候，你只要說好就好。」

我猜，你一定會問，怎麼知道哪一次是上帝問的呢？

是啊，你不會知道，但你知道，什麼是好的事呀。

你只要在有人問你的時候，說好。

你只要自己問自己的時候，說好。

上帝會藉由不同的人，包括你自己，來問你，你只要說好，就好了。

我聽了之後，覺得很有意思，從此以後，就盡量這樣做了。

這大概就是我現在在做的事。

不過，好的事，不意味就是順利的事，就是輕鬆的事，通常是相反的。壞的事，比較容易是順利的事，比較容易是輕鬆的事。（不然你問黑心商人。）

你一定知道什麼是好的事，雖然不好做，但你就說好，然後去做就好了。

當你有所遲疑，大概表示這事不是你慣常會去做的，那表示這事或許值得你去做。你當然會進行風險評估，依我的經驗，如果評估時覺得可能會丟臉，或者不熟悉的枕頭可能讓你睡不好，當你只是想到這幾項，大概表示你會遇到的危險不高，否則你應該在更高風險的項目裡打轉或打住，根本不會想到這麼低風險的可能。表示這事值得去做，也不太需要怕去做。

這時，你必須要做一個非常重要的動作，就是，只要說好就好，然後跨出去。就好了。

不要害怕那些沒什麼好怕的。

害怕的你，其實比較可怕。你錯過的，可能多得可怕。

「不會怎樣的」，像我每次幫女兒洗頭淋水時，教她喊的。

不會怎樣的，跨出去，

跨出去，就不一樣了。

創意心法

01. 稍微偏離既定的軌道，那不確定性，其實就是創意的沃土。
02. 走在陌生的路上：去旅行，就對了。
03. 拆解你熟悉的器物，看看內裡的結構，會有嶄新的發現。

創作態度力——真的假的？

「新鮮的腦比新鮮的肝重要。」
如果你只會吃苦耐勞，風險其實很高，因為你的可取代性實在太高了。

你收過偽鈔嗎？

我沒收過偽鈔，但我想問問大家，你曾經收過偽鈔嗎？曾經在薪水裡拿到偽鈔嗎？

我喜歡在每次分享時，問這個問題，結果，多數人都沒有在薪水裡拿到偽鈔的經驗。

老闆很少會發給員工偽鈔，因為拿到偽鈔的員工一定會去舉發，一定會不開心。再說，現在大家都用轉帳匯款，拿到薪水通常是去提款機領錢。經過銀行檢查過、放入提款機裡的現金，大概不太會是偽鈔。

老闆給的錢都是真的，每一塊錢都是真的，但我們上班時，有每一分鐘都是真的在上班嗎？還是我們只是在假裝呢？

假裝的問題

假裝是個問題嗎？對老闆而言當然是，當員工都只是假裝在上班，那麼實際的工作成果，可能會打折扣，跟原本的預期不同，這對每位老闆來說，當然是個困擾。

那對員工自己呢？

可能也會是哦。

我自己的經驗是，假裝，其實很累，比真的還累。因為假裝的意思，事實上是，你得同時做兩件事。

一件是你本來該做的，一件是你想做的。你得讓別人覺得你在做你該做的，比方說認真思考你的任務內容，但同時又要做你想做的，比方說，上網逛市集買衣服。

你要讓人覺得你在工作，所以你不能改變表情，你得假裝冷靜，甚至面無表情。可是你明明看到喜歡的衣服，也很想跟旁邊的同事討論，到底那個顏色好，但你不好意思，所以你的購物經驗並不盡興。或者，更直接的，你假裝認真工作，但你其實在演認真工作。你除了工作者外，還得是表演者，你身兼二職，辛苦了。

麻煩的是，當你習慣假裝工作，慢慢你會不習慣認真工作，你甚至會忘記怎麼認真工作。

我常覺得，這是台灣當代的一個大問題，如此虛假，不只在工作上，連生活都是，當開心都不開心了，那怎麼會好呢？

那怎麼會有動力去創造什麼有意思的未來呢？

因為創意都是來真的，你看過假裝有創意嗎？

那就沒創意了！

堅持，不是只有新鮮的肝

我猜，我們很怕別人誤以為我們不夠努力，不夠認真，所以，我們得表演，得假裝。但我們的表演和假裝，其實也被下一代看在眼裡，被你的下屬看見，被你的孩子看見。

只是，這樣真的，好看嗎？

我常鼓勵朋友，**不要讓人認為你只有新鮮的肝，要讓人知道，你還有新鮮的腦**。

我說完，大家總會大笑。對啊，人體有很多器官，你為什麼會讓人覺得你只有肝一個？肝很重要，吃苦耐勞很重要，可是，如果你只有吃苦耐勞，你的風險其實很高，因為你的可取代性實在太高了。而且，你知道，誰最能吃苦耐勞？

誰最吃苦耐勞？

世上誰最吃苦耐勞呢？我覺得是北韓的人民。

《沒有您，就沒有我們》，是一位《紐約時報》專欄作家寫的，她到北韓平壤的國際科技大學教書，其中的見聞，讓我邊吃滷味邊看時，深深覺得，滷味太好吃了。北韓人民實在太吃苦耐勞了，且高度地被洗腦，完全信仰領袖。

如果你只有肝，卻沒有腦，其實，別人只記得你吃苦耐勞，那對於某些國家來說，實在是十分適合。問題是，你不在那樣的國家，你所在的企業，也不是。（這裡有假設謬誤，為什麼我的讀者不會有北韓同志？）

如果你硬要說你所在的企業是北韓般的組織，那你其實在罵你的組織領導人是金小胖。我想，當你這樣說的時候，你再怎麼吃苦耐勞，也不會被長官賞識的。而且，如果你認定你所在的是北韓般的組織，那麼你該做的，不是繼續大量使用你的肝，繼續努力吃苦耐勞，應該是想辦法脫逃，離開那個環境。如果你還有腦的話。

最重要的是，你遲早會沒有新鮮的肝。

你遲早會老，你遲早會沒那麼耐操，你遲早會發現當你熬夜加班，隔天精神狀態不佳，你在會議上毫無幫助，你在公司裡沒有想法，你會發現，你那整天如行屍走肉。如果對近幾年的活屍影集有印象，你應該知道人們對活屍的反應，是遠離，看到就想跑。

所以，當你跟我一樣，已經沒有新鮮的肝了，那，你更要讓人知道你有新鮮的腦。

真的假的？

假裝在上班，假裝在加班，假裝有在回 LINE 群組？假裝很聽老闆的話？這些假裝，其實都有那麼點虛應故事，假裝久了，還以為是真的，但，真的是假裝的啊。

老闆想買的也不單是員工的時間，他更期待看到真實的作品，真實的工作成果。

但因為工作成果不夠好，無法達到預期目標，某些壞心老闆就也不真了。他想得到的也是些不真誠的點子，偷工減料，最後，連產品都不真實了。然後，我們買來用，買來吃，明明給的錢是真的，但用到身上，吃到肚裡的，卻不是真的。

當你要創作就真的創作，當你要玩就真的玩。

孩子都懂的道理，大人不一定懂，就算懂了，也不一定做到。

真真日上

那麼怎樣才能保有一顆新鮮的腦呢？

首先是別裝了。

我覺得要去真實的生活。只有持續餵養大腦真實的感受，大腦才會傳遞打動人心的訊息，到你創作的手上。

齊柏林還沒有因為「看見台灣」而讓台灣人看見的時候，我有幸將他真實的人生經歷拍成微電影，在當時感動了許多人，同時也感動了不少企業主，讓他們願意參與贊助「看見台灣」的拍攝。

齊大哥曾表示很感謝我的幫忙，我才想要感謝他對我們所做的一切。而且我知道不是我的創意有多好，我只是把齊柏林對台灣的真心，原原本本呈現出來而已。

我的許多作品，都是這樣創作出來的，從自己的生活經驗，從家人朋友身上，挖取真實的片段。有人會說，你這支片子讓我想到我媽，我就會回，因為這就是我媽的故事啊！天下的媽媽都是一樣的嘛。

這就是為什麼 Based on a true story 的電影總是能叫好又叫座的原因。

只要你把本要假裝認真的精力，用來感受世界的悲喜，打開你的五官，多看多聽多問多聞多觸摸，幫你的大腦，吸取創意能量，你就一定能找到真實的 insight，再把它轉化成很真的故事，人們就會有所投射，進而受到感動。

真心換真心

許多時候，我看著女兒認真的玩，認真享受小兔子玩偶跟她在一起的時光，認真大笑，認真跟眼前的食物搏鬥（或者說是玩耍？），而我卻在陪伴她時還想著腳本，就覺得自己不太好，沒有完整的享受。而我還說，我真的愛她？

同樣的，不要假裝說一個故事，直接說一個真的故事。如果你沒有故事，就起來，離開你的電腦，離開你的位子，誠實點，跟自己承認，你沒有故事，你沒有故事好寫，你得去找故事。

真心點，真心才有機會換真心。

真心，人們才會真心對待你的作品。

創意心法

01. 打開五官，多看多聽多問多聞多觸摸，幫你的大腦吸取創意能量。
02. 持續餵養大腦真實的感受，大腦才會傳遞打動人心的訊息，到你創作的手上。

創作命題力——你現在支持的

「任何職業職位，都得是創意人。」

老闆沒說的，才是你工作的績效；老闆沒想到的，才是你升遷的跳板。

如果你喜歡書店，你就該買書。

如果你喜歡書店，你就該買書。

不然，逛書店的你，不是在占別人便宜嗎？

書店不是開門就賺得到錢，有人消費才會有收入。一般來說，那消費就是買書。如果你喜歡書店裡的氣氛，喜歡用手翻閱書本的感覺，喜愛在那裡頭享受看到新書的驚喜，覺得在書店裡有靜謐的平安，那你就該試著挑一本你有興趣也負擔得起的書，然後掏錢，把書帶回家。

否則，到底書店為什麼還會存在呢？

你憑什麼認為，你下次來他還會在呢？

你現在不支持你喜歡的，以後它可能變你懷念的

我們常說讓一切回復市場機制，卻常忘記自己就是市場的一員。你的決定就是市場的決定，你決定不支持，它就不被支持。還有，如果連喜愛書店的你都不肯支持，那就沒人會支持了，因為不喜愛書店的人沒理由去書店，更別提支持書店了。

這當然不限於書店，你一定有你喜歡的、你認同的、你傾心嚮往的事物，那你就該付諸行動，用你的方式實際給予支持。而且很多時候，你也在這過程裡，得到快樂和成就感。

當然，最直接且可預見的結果，就是你現在不支持你喜歡的，以後它可能變你懷念的。

你連打發都願意付代價了

有時候，我覺得我們對不喜歡的人、物，付出的時間、金錢都還比較多，那為什麼不對我們愛的好一點？午餐就是個非常明顯的例子。上班族幾乎都有這個困擾，到了中午時分，就得傷腦筋到底該吃什麼好，還要做籤讓中籤的人決定。一頓飯吃下來可能要個一兩百元，可是你其實並不想吃，你沒有那麼多的動力，你只是，打發。打發一餐，打發午餐時間，打發和同事在一起。

很多時候，一頓午餐的費用跟一本書差不多，甚至，幾乎可以確定的是，兩頓午餐一定可以買一本書，再怎樣，三頓午餐一定有機會買一本書。

你都願意花代價打發午餐了，為什麼不願意為你喜歡的站出來？

你為什麼要做一個隨便被打發的人呢？
你的人生會不會就在打發裡過去了？

你現在支持的，以後會支持你

我幾乎所有創作，都是來自我在意的。

因為家人需要長照資源，所以我很容易就意識到長照資源的不足，很想把它提出來。於是把自己和父親最後一次的外出旅行經驗，重新組織整理，就有了「家族旅行」篇。

家族旅行

因為知道失智症患者常有把年長家人認成年輕家人的狀況，而夾在世代之間的照顧者最是辛苦，我把自己辛苦卻從不說的爸爸當作片中樊光耀的原形。過去我只能在旁看著爸爸的辛苦，卻一句「你辛苦了」都不敢也不好說出口，所以藉著金士傑老師的口，跟我見不到面的爸爸說，因此有了「兩個爸爸」篇。

兩個爸爸

因為失智症的媽媽總是不知道我在做什麼，總是問我當兵沒，總是要我記得存老婆本，總是在我說已經結婚了之後而生氣，我總得拿出結婚照好證明她有去。我只是把那些個日子裡的小趣事拿出來，就成了「家家有本難念的經」篇。

最妙的是，演出失智症母親的譚艾珍老師，她父親和公公就是失智症患者，她還是失智症協會的長期義工。看著活脫脫簡直就是我母親的她，我心想，如果不是她長期的支持失智症，她一定無法演得那麼好。

因為好友罹患肺腺癌，我受了很大的衝擊，充分感受到家人雖然常被我們當作第一，可是家人生活的環境卻輕易被我們因經濟成長擺到後面去，空氣汙染成了我在意的議題，於是有了「天空」篇。

因為計算著爸爸和我相處的日子，而去計算我和女兒可能相處的日子，發現大學畢業生人生剩下的天數不到22K，所以創作了金士傑老師主演的「下一個十年」篇。據說，在未購買媒體的狀況下，第一週在各新聞網路平台加總的瀏覽數超過一億。

我之前沒有意識過，但原來我在乎的意義，竟慢慢變成我在這世上的意義。我支持的，後來都支持了我。

你的價值觀，就是你的差異性

任何創作，一定來自你所在意的事。你平常若肯支持你在意的，你就能夠有更加深刻的感受，而那絕對會是你和別人不同的地方。在當代，那就是你的競爭力，不管你從事的是什麼行業。

你說有那麼誇張嗎？

有的，不然，你覺得你和別人不同在哪裡，是智商嗎？是學業成績嗎？每個人的智商差距大概不會超過四十。而學業成績只有三個月的保存期限，也就是第一份工作的試用期，過了之後，人們只看你工作上的表現。

當然，你工作上的表現，絕對跟你的人生經驗及性格有關，而這兩樣，就確實和你支持的對象有關了。

所以問題來了，跟你自己相較，怎樣的你會是最沒有競爭力的呢？

就是什麼都不在乎的你。

你說，可是我在乎我的工作呀！

很抱歉，你的競爭對手也很在乎工作。換句話說，你們並沒有兩樣，在這個因素上。

因此，除了工作，什麼都不在乎的你，才是你自己最危險的競爭因子。你不在乎，你不愛這世界，這世界也不在乎你，也不愛你。很殘酷，不是嗎？但，也可能是你先對這世界殘酷。

不過，也可以不那麼殘酷。其實沒那麼困難，只要你開始關注你在意的議題，你本來就在乎的，只是你壓抑了自己的需求。你本來就關心那個你每天光顧的麵攤老闆，你本來就會思考女兒的學校是否安全，你本來就會想讓家人活得快樂，你本來就是個人，只是有時被壓得不是人，你只要恢復人形就可以了。

是的，工業4.0的時代，**愈像個人，就愈有競爭力**。

支持你支持的，好支持你的創作

我常覺得，創作跟多數運動一樣，一樣公平，它不在意你的父母是誰，它不在意你的銀行存款有多少，也不在意你能不能花大錢好擁有好學歷，它，就是你，你的意志延伸。

你當然還是可以停留在「因為我沒有什麼什麼……」，很抱歉，會接受這類型藉口的人，全世界只有一個，就是你自己。

還有人會說自己人微言輕，很多議題講了也沒用，這種遁詞，大概也只能對自己說說。多數參與議題的，都是沒有大量資源的人，因為擁有大量資源的人恐怕都把時間花在管理並獲取更多資源上，沒有餘力投注在公共議題上。

如果你跟我一樣沒有大量資源，或許，就是一個讓自己參與關注議題的好開始。因為那不單讓你可以解決你對世界被糟蹋、崩解的焦慮，更可以成為自身創作的泉源。

你都沒資源了，還不想辦法嗎？

或許有人會說，關注世界好獲取創作養分，會不會太功利主義？我倒想反過來問，當你選擇不關注世界時，不也是來自功利主義的思考？你判斷關心空氣汙染對你的專業領域沒有幫助，你才選擇不在意不發聲，不是嗎？

那，如果你意識到關心空汙其實可以幫助你在專業裡頭想到新的產業模式，比方可攜式的空氣濾淨機，假如你是在家電製造商工作；比方說人居地區的大型防護罩，假如你是在建築業工作，正因房市不振苦惱。你會不會開始覺得關心空汙，是個不錯的創意選擇？

我並沒有改變你的思想體系，只是點出你可能還沒想到的範圍。你本來就是以功利主義在思考，只是有點半吊子，因為邊沁提出的功利主義，思考的是群體的最大利益。

你做為群體裡的個體，如果有所進展，當然對總體也會有幫助。只是思考的尺度關係，我們太習慣聽命行事，對工作的定義僅止於「老闆說」，但老闆沒說的，才是你工作的績效，老闆沒想到的，才是你升遷的跳板。

不要輕易把自己定位成非創意人，就現狀來看，任何職業職位，都得是創意人。

你現在支持你自己，以後你自己會支持你

你擔心毒品問題，你在意能源問題，你恐懼貧富差距問題，你擔心長照問題，你憂慮食安問題，你關心家附近的淹水問題，你想保護家旁邊因為商場擴建要被砍掉的樹，你希望巷口從小吃到大的魯肉飯攤不要收……，這些你，都很美，這些你，都很有力量，這些你，都需要你的支持。

你從來就不是在幫誰，你是在幫自己，幫自己解決不喜愛的問題，幫自己協助喜愛的事物存在下去。當你是為了自己，又有什麼理由不去做呢？

而當你去做的時候，你就在創作，用不同的形式，也許在工作上，也許在閒暇，也許是當志工，也許是寫文章，也許在鄰里間號召，也許在 LINE 群組裡疾呼，你的所作所為就是創作，你就是創作者。

你現在支持的，以後會支持你。

你現在支持你自己，以後你自己會支持你。

創意心法

01. 支持你在意的，你從中得到的，就是你和別人的差異性，你的競爭力。

02. 關注身邊的問題，可以解決你對世界被糟蹋、崩解的焦慮，更可成為自身創作的泉源。

創作品牌力——
紅襪的 *Sweet Caroline*

「你找到你的看板人物了嗎？」

多數消費者都是小人物，當你高舉品牌裡的小人物，就增添了品牌的真實感，他們會投射自身形象，他回報給品牌的，就不只是好感度，而是忠誠度。

甜蜜卡洛琳

我看了一場芬威球場史上第二長的比賽，雙方一直打到第十九局，六個小時才分出勝負，打完都凌晨一點了。一場比賽正常是九局，超過兩場比賽的長度，實在是值回票價。

第八局的時候，所有觀眾陸續站起，不是要去上廁所，是要唱歌跳舞。音樂前奏響起，大家開心搖擺，我抱著女兒盧願，跟大家一起唱，某些段落音樂還會停下，讓觀眾清唱。想像幾千人一起振臂，一起高唱，我身後的年輕人開心的跳舞，一旁的銀髮老婆婆也擺脫幾十歲的年紀，變成年輕人，大跳特跳，聲音嘹亮無比。我和願願也一起唱唱跳跳，笑到臉痠，高興得要命。

因為延長加賽，我們一共唱了兩次。

這首歌叫〈甜蜜的卡洛琳〉，是美國歌手尼爾・戴蒙的作品。原本是首情歌，後來變成芬威球場固定播放的歌曲，而且全場一起唱，也成為傳統。有人說到芬威球場看棒球，沒唱到這首歌，等於沒去過。

我很好奇，為什麼要唱這首歌？又不一定是跟女朋友來看棒球，而且跟紅襪隊有什麼關係？我問了一下，才知道，原來跟女兒有關。

為了女兒

有種說法，九〇年代，有位紅襪球團的人為慶祝女兒出生，所以請負責在每場比賽過程間放音樂炒氣氛的同事播放這首歌，因為他的女兒就叫做 Caroline。沒想到現場反應很好，大家都很喜歡，歌就這麼繼續播放下去了。從此，不管紅襪領先或落後，就算下著大雨濕濘無比，又或者出大太陽，也可能像我們那天的深夜時分，只要八局中攻守交換時，一定放這首歌。你可以看到大家手拿啤酒或可樂，紛紛起身，一邊搖擺身體，一邊聽著節奏，同時和身旁的陌生人微笑，因為大家都在做同一件事，為能夠在這奇妙的時間點聚在一起而開心。

這故事好美，你完全可以理解當初父母請託的心情。雖然有點不好意思，但為了自己的孩子，也為了跟全場球迷分享喜悅，硬著頭皮拜託，沒想到創造了這樣一個傳說。我也想送一個這樣的禮物給願願呀。

創作，就是送禮物給世界。

放歌的人，大有故事

我這樣說，放歌的人，實在是不太尊敬的說法，但一下子又無法在中文裡找到恰當的字彙……啊！ＤＪ。不過說起來，這個ＤＪ跟我們印象中那種只放舞曲的有點不同，他比較像是整個球場的氣氛營造者，更是創造經典的人。

不說別的，現場轉播單位可是會在這位「放歌的人」彈奏風琴時，直接拍攝他的畫面，轉播到全美各地，讓所有觀眾一起欣賞他的精采表現。他也會在最後，面對鏡頭微微一笑，贏來全場歡呼。

這讓我想到，除了場上那些時常上報、身價不凡的球員外，一場比賽的構成，一定不能只有球員。你需要整理場地的人為你灑水、理平紅土、整理球具、驗票、清潔座位區……，就像我在片場，知道一部片絕不是只有導演、演員就行，你需要攝影師、攝影助理、燈光師、燈光助理、造型師、造型助理、製片組、場務組、美術組，有這些人，這件事才會發生。

我習慣在每次拍片喊收工時，向每位工作人員道謝後才離開，因為我知道他們會做的我都不會，沒有他們我什麼都不是。

但除了感謝，我們還可以學習到什麼？

這位放歌的人，不只是放歌的人，他身上有故事，他代表這品牌。

品牌的看板人物

在這大聯盟球場，我更意識到，如果可以，更該把他們放到聚光燈下，讓他們接受所有人的歡呼。那天就有個儀式，他們感謝芬威球場裡的工作人員，所以，驗票員、警衛、播報員、餐廳廚師都站到球場上，大家給他們喝采。我想，要是我們也能夠更加珍惜生活裡的小人物，也許，我們都會快樂些，因為我們多數人都不是大人物。

從創意的角度思考看看，你會想到用公司的總機人員、生產線上的作業員，做為品牌行銷的利器嗎？

如果人們已經受夠總經理簡報時的光鮮亮麗，何不讓真實人物出場呢？那多少增添了品牌的真實感，更別提，多數觀眾都是小人物，當你高舉品牌裡的小人物時，觀眾會感動，他們會投射自身形象，他們會思索場上微笑揮手的那位廚師，也是他自己。他回報給品牌的，就不只是好感度了，而是忠誠度。

你找到你的看板人物了嗎？

嗡嗡嗡

許多好萊塢電影只要演到紅襪隊的比賽，一定會再現這段全場觀眾起立開心歡唱，因為那氣氛真的很美好。你會覺得，世上的肅殺，在這裡消失了，只有平和溫馨，和我們都在一起的感覺。就算你不是紅襪隊球迷，在現場也會喜愛和尊重這傳統。甚至曾有孕婦球迷在看球當下破水，緊急送醫產下女兒，因此將她取名為 Caroline。

這個傳統已經變成紅襪隊獨有的品牌價值了。因為當所有球隊都在唱 *Take Me Out to the Ball Game*，高舉球賽的美好，只有紅襪隊在歌誦女兒的美好。

以前在廣告公司工作，大家很容易在對話中「落英文」。我們會說，「等等 brief 新工作給你」，而不會說，「向你簡報新工作」。因此，曾發生一個笑話。

某次會議中，我和同事你一句我一句的討論著，這個品牌要 own 的東西是什麼，要如何 own。終於，有個新文案忍不住問，「不好意思，請問你們一直在說的 own，到底是什麼？」我難以用一個簡單的中文解釋，就突發奇想的開玩笑說，就是嗡嗡嗡啊！蜜蜂會發出嗡嗡嗡的聲音，那就是品牌發出的聲音，要發出共鳴，才能吸引消費者。

雖說是隨便亂說，卻也真說對了一半。品牌要在消費者心中占有無可取代的特殊地位，真的要 own 一個別人沒有的東西，而這個東西，通常和共鳴有關。

為什麼私人送給女兒的情歌，會誤打誤撞為眾人喜愛，樂於一同唱和？

我想就是共鳴。

你會創造共鳴？

千萬別小看紅襪隊，這是個生意，且是可長可久的生意，來自於創意的思考。

美國的職業運動，始終是設計給所有人的，讓父母帶孩子到球場看球，一方面理解運動規則，並進一步了解什麼是運動家精神，還可以凝聚家庭。

我總是看到許多跟願願一樣才兩、三歲的孩子，被爸媽抱在懷裡看球，也有國小的孩子戴著棒球帽，手拿棒球手套，聚精會神地看著比賽，隨時準備接飛過來的界外球。場上的勝負，還有那超越勝負的運動精神，會一次又一次深刻在孩子腦中。他們有可學習的對象，有可尊敬的觀念。除了父母，還有滿頭白髮的祖父母一起觀看，輕鬆地跟孩子講解各種歷史和知識，球場成了教室，你們全家都在裡面。

就算孩子到了大學的年紀，你們還有共同的話題，可以一起參與的活動。

所以，雖然這首歌沒有談論到一點點棒球，但背後的心意，非常容易讓人接受，沒有一對父母，不想給孩子一份美好的禮物。

就是這種傳承共感，讓一首給女兒的情歌變成紅襪的主題曲，讓球迷不會飛到西又飛到東。

你是只會大量疲勞轟炸，讓人耳鳴？

還是創造獨特美好經驗，讓人共鳴？

從行銷的角度看，任何品牌要是能夠把自己操作成紅襪隊，我跟你保證，在市場上的好感度，一定極高。

任何能把品牌操作成紅襪隊的創意人，我跟你保證，你不是炙手可熱，你是報酬任選，你更會是時代的推手。

行銷不是假高尚，創意更不是曲高和寡。跨產業的觀察，時時分析別人的成功，你離失敗會遠一點。

創意心法

01. **創造讓人難以忘懷的共鳴感，那就是品牌的價值。**
02. **試試看從不同角度切入，你需要有故事的人。**

戰

D

創作者
脣槍舌

讓人為台灣而教的劉安婷
他強項絕不是聰明的唐鳳
強悍創作引路人是洪震宇
那厭世動物園裡的厭世姬
無法定義的創作者龔大中

讓人為台灣而教的

劉安婷

從小在台中成長，高中畢業後進入普林斯頓大學就讀。2013 年返台創立「Teach For Taiwan 為台灣而教」，已招募超過百位青年投入偏鄉教學，並孕育出數十位人才在各界串聯影響力，努力為孩子創造平等優質的教育環境。

interview with 劉安婷

Teach For Taiwan

Teach For Taiwan 致力於解決台灣「教育不平等」的問題，透過招募跨領域青年到偏鄉學校教書，培養領導能力及視野，期望這些人才在未來可以到多元領域，創造平等優質的教育環境，讓孩子的出身不再限制他的未來。短短幾年裡，ＴＦＴ已服務了三十八個鄉鎮，有四十三個合作小學，訓練了九十三個ＴＦＴ教師，幫助了兩千八百個孩子。

劉安婷做為創辦人，她對教育現場的觀察，我覺得非常清晰。比方說，階級的流動僵固了，我們只會一起喟嘆，一起說沒辦法。他們卻是捲起袖子圍上去處理，意識到問題，並願意前去解決問題。

成為領導者，從當一位好的老師開始

他們提出，「成為領導者，從當一位好的老師開始」，這我也非常有感受。

我是在當上創意總監後，才開始學會當創意總監的。而我是怎麼學的呢？就是在每週不斷教組員創意思考的方法和品味裡慢慢養成。做一個創意人很容易，你只要想出很特別的點子，並且讓那點子被執行出來得大獎就夠了。但要做一個好的創意總監，就必須讓人想出很特別的點子，並且讓人站上舞台領到大獎。那相對來說，難上許多。

從這角度講，就是自己很會打架沒用，**你要是夠強，就讓一群人都具有戰鬥能力**，那才是頂尖的領導力。

我在職場近十年，才幸運成為創意總監，才開始我的領導力修練。甚至，我覺得自己成長最快的經驗，是利用下班後的時間到學學文創教課，讓不同企業的人也有機會學習創意思考。

要讓原本不在創意產業裡的人，變得很有創意，你會變得超有創意。

在那過程裡，你會自我省察，你會開始想自己到底是怎麼想的，你會開始分析整理，並且為了讓另一方理解，於是有更精緻且系統的提領。而那整理的結果如果有機會昇華，更有可能成為你個人的哲學。

可是，我要有這自我成長的機會，至少得在職場花上十年。那，有沒有別種可能呢？

是的，他們找到其中一種，就是，到偏鄉當孩子的老師。

給予的人，得最多

因為當老師，你得以身作則，你得思索自己是怎樣的人，你得思考要怎麼帶給對方東西，你得理解對方，並試著提供方法好讓對方成長。

你必須投入更多心力，且是你過往不常用力的地方。就好像一個好運動員，突然得思考自己的力氣是怎麼發動的，是運用到哪些肌肉，並且不要過度用到哪些肌肉，還要讓另一位運動員學習你的競技訣竅，理解你判斷局勢的要領。經過這段自我省察，你當然升級了，你不再只是參與比賽，你得解讀比賽，那通常就是卓越的開始。

做為父母，總是希望孩子畢業後，能在職場有好的發展。但是，台灣當代就業環境對待新鮮人普遍不如預期美好。我說的不是薪資，而是專業能力的養成訓練。也許，在相同的時間裡，花兩年時間去偏鄉當老師，也不失為快速培養自身團隊合作和解決問題能力的好方法。

做一個老師，就是做一個給予的人。

我相信，做一個給予的人，自己會得到最多。

你的勇敢，可以改變很多人的未來——包括你自己的

選擇去偏鄉協助教學，是勇敢的，但勇敢不是什麼都不害怕，而是在害怕的時候，還能努力去做，那才是勇氣。

誰不害怕自己職涯規畫，誰不在意所得高低，但如果只把所得狹隘地定義為金錢，人生觀如此，那你人生的所得大概會是低收入戶。

可是，要敢和你的同輩不同，要敢去為自己擔憂的議題努力，要敢去解構體制組織社會既有成規，要敢發出不一樣的聲音好改變世界，這需要的不單是勇氣，而是更進一步的思考。

有意思的是，回過頭看上面那段文字，你絕對可以用「創意」兩字來形容。

大人嘴裡鼓勵年輕人要有創意，那為什麼當他們真的有創意，並付諸實行去偏鄉教課時，做為父母的反而會擔心呢？會不會我們只是說說？會不會我們自己才是較缺乏創意和想像力的一群呢？

我看到的是，他們好像是去幫別人，實際上，第一個幫到的是自己。

從過去任何事都被安排好，到自己一手安排所有事；從不會意識到問題，到得面對問題；不單依循組織指派的任務，而要自己丟出意見提出想法……。最美妙的是，和巨大的企業體系不一樣，他們的新創見更容易被實現，更容易被執行，更容易直接影響人，並且即刻看到對方的笑容。

這不是充滿成就感嗎？這不是每個有創意的人想得到的嗎？那他的人生不也同時躍升了？

爺奶英文課

曾有一位TFT老師遇到一個問題，就是班上孩子多為隔代教養，由爺爺奶奶照看孩子。因為家中沒人督促，多少有些缺乏主動學習的動力。

原因有些來自於，爺爺奶奶較少主動參與孩子的教育，聯絡簿也不太簽名給回饋，一來可能覺得老師地位崇高，不好意思參與；二來可能是自身教育水準也不夠高，包括基本的英文能力，無法理解。

但爺奶對於英文其實也有需求。原來，鄉間常有車禍肇逃，爺奶雖然目擊了，卻記不下車牌，因為車牌包含英文字母。衣服尺寸也是英文，要是看得懂，也好購買孩子的新衣。這位老師後來發展出「爺奶英文課」，讓爺爺奶奶來學英文，不只學會字母，更學單字，還學會了口語句型，產生了美妙的化學作用。上課過程中，爺奶和老師接觸並且熟稔了，不再覺得老師高高在上，於是孩子的許多教養問題就可以彼此討論，互相給予意見。

有趣的是，本來缺乏學習動力的孩子，也跟著進步，想學習了。他們發現本來隨便就可矇混過去的爺爺奶奶，竟然會關心功課進度，還會說英文了，孩子反而要求老師多教一些，因為他們不想輸給爺爺奶奶。

是不是很有趣？我聽了好感動，這就是創意的奧祕。

自我不矮化

和劉安婷的對話裡，她提到「弱勢不是來自物質匱乏」，而是心理上隨之而來的不安全感。這是因為環境造成對自我認知不完全，會覺得自己未來的機會較少，甚至夢想被限縮了。

我一聽，雖然她說的是教育現場問題，但我聯想到，其實這也是創意人每天要面對的課題。當你覺得自己只能做小裡小氣的創意，只能回應客戶基本的需求時，你做出來的東西就會更小，比你的企圖更小。

你讓自己成為創意上的弱勢，你把自己給看小了。更糟的是，你有時把自己，給看衰小了。

職場和直腸

看衰小很可怕，比沒創意還可怕。

很多人成天抱怨自己的工作，覺得自己很倒楣，覺得自己很慘，覺得自己毫無建樹。如果你也是這樣整天把自己看衰小，我建議，先停下來想一下。

如果你每天都在抱怨工作只是消化性工作，那你當然是消化器官，因為你已經這樣定義自己了。如果你覺得自己生產的只是大便，那你不是直腸，就是肛門，這樣好嗎？

心靈上的弱勢，削弱我們的創意力量，減少了可能性，嚴格說來，更有可能傷害我們的國力。

因為當所有人都喪失想像力，任想像力患上肌肉無力症，那我們怎麼拍打翅膀，飛到高空？

Big Man, Big Idea!

不過也不需要悲觀，這很容易改變，只要想一想，就會有力。

當你想解決的不只是客戶的問題，還包含社會問題，你就不一樣了。你要讓客戶的生意藉由你的創意被改善，那你非得進一步協助面對社會問題。因為，要讓社會愛上你的客戶，一定是因為你的客戶替社會做了什麼，而不只是從社會賺了多少錢。當你意識到你要改變的是大問題，你的力量就會倍增，你會變大力水手。

只會抱怨，其實跟小孩子沒什麼差別，甚至比小孩子還弱。因為小孩子會笑，真心為每天的美好而笑，而你只會，嗯，不笑。

把自己看待成一個大人，大人就是要面對問題。在這社會裡，有許多問題，但能面對的，才稱得上是大人。

當你意識到你是來解決客戶和社會的問題時，你的對策自然就會放大，自然就會有大的影響力，自然就會有大人的樣子，自然就會有做大事的樣子。你的創意就會被叫做 Big Idea，Big Idea 可不是預算規模大的意思，而是想法宏大、影響深遠，創造好的大改變。

不需要當大人物，但對自己好一點，做個大人吧，想個 Big Idea，然後看著別人的笑容，自己也微笑吧。

創意是因為孩子

劉安婷還分享，老師是社會公平正義的最後一道防線。

這是我過去沒思考過的角度，充滿了創見。確實，當階級流動僵化，唯一可行的只有教育，才有機會活化資源重新分配。如果連老師都無法到場，這場戲裡的偏鄉，就會永遠偏僻，因為裡頭的孩子，不但沒有聚光燈打在他們身上，更站不到舞台中央。

過去我們都會認為社會不公，必須站出來，卻很少想到，其實站出來只是一天的事，站出來當老師，才是改變對方一輩子的事。Teach For Taiwan 已經幫助了兩千八百個孩子，那可是兩千八百個人生。假設每個家庭四個人，就是一萬一千兩百個人了。

那可是扎扎實實一萬多人的人生，是很令人欽佩的。你可以回頭看看自己的工作，一定也能夠充滿價值，一定也能有意義，只要你仔細思索對人的意義。

當然，如果還沒有，也不遲。你可以主動幫自己的工作加入人的意義，就算一開始不行，你可以用你的方式參與「為台灣而教」，而那是為了你自己，不是為了別人。

自私和無私，只有一線之間

劉安婷還跟我分享一個她的發現，就是自私和無私，只有一線之間。

怎麼說呢？看起來最無私的行為，幫助了許多人，帶給許多人光亮，其實從某個角度看，對自己難道不也是最好的幫助？在工作裡得到成就感，讓自己的心有最大的可能性，讓自己每天的付出都能從別人的笑容上看到，這不是很美嗎？

這樣說起來，不也是對自己好，不也是有點自私的行為？

我常覺得，如果工作帶給你的只有金錢，那麼這可能不算太好的工作。

一份工作若只提供金錢而沒有心理上的報酬，甚至讓人不快樂，造成的挫折感更該算是職業傷害。在億萬富翁才是有錢人的現代，就算你很努力，年薪三百萬，跟這些極富人相較，仍不算什麼。那你得從工作中找到幸福感，找到做為一個人的光榮感。

因此，直接尋求最大的光榮感，就成了利己最好的方式。讓自己好一點，讓自己好過一點。為自己工作，和為自己好工作，雖然只差一個「好」字，但就差好多。

創意來自真心誠意

我從劉安婷身上還學到，不需要過多的架子。我清楚感受到，她的創見來自於她的真誠，她**真心看待問題，並在解決過程裡，連帶讓自己變得更好**。她提到「知道自己是被愛、幸運的人」，因此想做更多，更是我非常認同，且希望我的孩子也能擁有的自我省察。

真誠的好處，在於不會騙到自己。一個創作者假如過度使用神祕的語彙，也許是專有名詞，也許是特殊的形容詞藻，很容易忘記本來要做什麼，或者誤以為自己已經做到了那什麼，但其實做到的只是說說而已。

要是能夠真誠的把對方笑容當作KPI，真誠的把對方的話聽進去，想出的點子才有改變的力量。不然，你只是在會議室裡把大家唬得一愣一愣。

出了會議室，世界輕易就能看穿你。

因為這世界就算悲劇，都是真心誠意的，你得照它的玩法，不需要過度高深的點子，而是有效且有動力持續的想法，並且讓它發生，不斷發生。

看著小我十多歲的她，已經做到那麼多有意思的事，我清楚自己才是弱勢。我追不上這十多年的差距，但也開心我的世界有這群年輕人，讓我可以學習，讓我可以跑在路上不孤單，還有可以追隨的對象，而且是一大群。

為別人的笑容而笑，我想，那笑才扎實。

他強項絕不是聰明的
唐鳳

國中肄業後在家自學，十六歲自創網路公司，三十三歲退休，努力促成透明、公開的公民社會，參與「零時政府 g0v.tw」的平台建構。現為行政院數位政委。

interview with　唐鳳

為了跟唐鳳對談，我第一次到行政院。建築本體跟南一中有點像，舊式的古典；可是又有點不一樣，因為警察很多。我看到警察就緊張，就想不出東西來。做為一個想東西的人，想不出來是很可怕的。我很納悶，唐鳳這樣一個想東西的人，如何在這裡工作？

睡覺時想東西

跟他聊起什麼時候想創意，唐鳳說他上班時間是休閒，主要在睡覺時想東西。我聽了非常驚訝。他說，他習慣睡前把今天記下的東西或者議題看一遍，然後就去睡覺，在睡眠時思考。

起床時，就會有幾個不同的 idea 出現。

我必須控制自己不斷重複「哇，真的嗎？」只覺得眼前這傢伙好有趣。我又細問，那你都幾點睡？他說大概十一點，睡八個小時。有時還得「加班」，也就是睡多一點，睡遲一些。

我大笑，原來唐鳳不只聰明，還很幽默。幽默的人多數聰明，但聰明的人不見得各個都幽默。

願者上鉤

我很好奇，在政府組織裡如何能有創意的作為？唐鳳的回應是，願者上鉤。他一開始就說自己要當公僕的公僕，所以，每個來找他的政府部門，都是遭遇問題，期待他有創意的解決方案，而不是被勉強來的。

因此，這樣的部門自然對創意較有寬容度，就比較會有結果。

這其實也很適合一般企業思考。當你總是抱怨客戶沒有創意的品味，也許可以思考自己的品牌形象又是如何？是不是你過去的作品不夠有創意，吸引來的客戶就不走創意取向？

當然，也可能，你的作品經歷都還不錯，但你平常對於客戶的選擇，就不是把創意包容度擺在選擇的前頭，因此，你的客戶，就不是你所預期的。因為當初你接受他，主要是，他荷包裡的東西。

不是講錢就不好，而是對方讓你賺錢，為的是你的什麼；你賺對方的錢，是因為你的什麼。

你吸引對方的，應該是你解決問題的能力。

以唐鳳為例，他擺明告訴你，他提供的不會是過去部會重複使用的方案，而是嶄新具開創性，甚至可能沒有做過的，這就是他提供給人的鮮明形象。人們因此還願意前來，就必然會接受新想法。

所以，是不是自己提供的形象不夠鮮明，是不是自己不夠創新？客戶只把你當作另一個願意出賣勞力、時間，甚至尊嚴的工作者？

那麼你的形象問題，也就成為你的工作問題了。

換言之，與其整天抱怨客戶不好，何不想想自己可以做點什麼，何不讓自己從眼前的客戶教育起，努力合作出有創意的作品。畢竟，抱怨完總要做點什麼吧。

負能量發電

唐鳳還提到「負能量發電」這有趣的想法，就是邀請罵得最兇的人一起參與改善計畫。他認為，罵得兇，一定是格外了解問題，甚至有自己的洞見，才會特別嚴格。因此邀請這些人參與，就可以事半功倍。

這非常有道理，也很適合各種組織創新，一來可以借重對方專業，二來對方的動力更強，也能激勵組織裡的成員，一起尋求創新。

我總相信，人的能力是看你如何看待他。在正常狀態裡，你把他當創意總監禮遇對待，他就會拿出相應襯的好東西；你把他當白痴，他就會用白痴的方式回應你。

當你面對憤怒，你的回應很可能也是憤怒，但那可能對事態沒有幫助。如果你是主管，更是減分，因為改善現狀是你的責任，不是對方的。你也生氣地罵，罵完後，責任還在，你還得收拾情緒。

可是把負能量拿來發電，就不一樣了。你把反對者重新定義為參與者，請他提供真知灼見，讓對方的想法有了實現執行的機會，更有可能因此發現有效的創新 idea，幫助組織前進。換句話說，你是多了幫手，你讓對方成為你的助力，他不是來檢討你，他是來支持你，給你方向，這不是挺好的思考方式嗎？不滿的情緒找到出口，只是附加價值而已。

我們總說人才難尋，更有可能是，我們不願意看待對方是人才。只要你肯給誠意和空間，一定不太一樣。

讓開，讓罵最兇的人來！

本來沒有的工作

我還想到，我們常容易覺得提出問題的人，是有問題的人。我們總在繁忙的工作裡，還得花時間處理新問題。但其實那不是新問題，而是舊問題，是舊問題被發現了，被某個人發現了。他在掙扎許久後，終於決定頂著所有外界壓力，提出問題來。

說起來，我們應該感謝他。

曾經遇到一位高速公路局的退休員工，他說他總是提醒年輕同事，不要抱怨民眾打電話來通報路面毀損。看似工作量增加了，其實是減少了。因為，巡路發現道路問題是員工的責任，民眾幫你巡路發現毀損，還通知你，是在幫你忙，替你減少工作量，應該要感謝才對。

只是我們難免本位主義，站在自己的位置想事情，覺得業務量增加了，本來沒有的工作，就是討厭的工作。

不過，你有沒有想過，其實，創意的工作，就是本來沒有的工作。

創意就是做出本來沒有的東西，遇上了新問題，更有機會發展出新的創意。老是重複別人做過的，你也只是不斷累積自己的可取代性而已。更何況當你做的跟別人一樣，你的單位工資就無法上漲，只能多花時間，花你寶貴且日漸減少的時間。最重要的是，在別人眼裡，你的剩餘價值不高，就怕他們還用殘值來評估你。

做為一個生命只剩八千多天的人，我必須嚴肅地說，拜託，都沒時間了，更不能沒創意。

我教你一個在這個不太好的世界快速上升的方法，就是趕快把原本的工作做完，然後去做沒人要做的。沒人想到要做的，沒人想到要怎麼做的，沒人想到到底做了會怎樣的……，對，總之，重點就是，沒人。

本來沒有的，才有價，才叫創意。

有問題的，比較會沒問題

寫論文時會提到「問題意識」，也就是找到一個有意義的問題，且最好是沒人提問過，有時我們更會以有創意來形容某個問題意識。

在我有限的廣告生涯裡，更學會**重新定義問題**，**就是找到好創意的開始**。

如果你覺得只是要做一個休旅車的廣告，那你就只會做出一個休旅車廣告，而且，很有機會跟之前所有作品很像。

如果你想做出一個會讓坐在上面的人感動的作品，答案就不一樣了。你會進一步去想，這群人現在什麼階段，也許是為了兒女，也許是為了父母，也許是為了父母和兒女，同時夾在其中。你會想他有什麼故事，也許是他正在經歷，也許是他將要遇上，那就會是讓他在意關注的。這也是我做出金士傑老師「兩個爸爸」篇的原點。因為我不想只做一個答案給對方，我想提出一個問題，一個你也許會遇到的生命課題。

這時有個奇妙的事發生了。比起同年紀的廣告創意人，我有個不同點，就是我做為失智症家屬，已有二十多年了，而其他人的經驗值是零。於是，原本是我人生的問題，突然變成我事業的答案，這不是很棒的祝福嗎？

在組織裡，想往上爬證明你的創意能力，更是不能沒有問題的幫助。有問題了，才顯得出你解決問題的能力，不然只能顯出你拍馬屁的能力。就怕你跟我一樣，又不想拍馬屁，真要拍又沒人家有能力，那，你當然得靠解決問題。

換句話說，問題其實是創意人的朋友，新問題更是好朋友。

下次有人把問題丟給你時，你不必立刻咒罵，也許，說聲謝謝，也不錯。我更覺得，常常遇到問題的人，到了後來，好像都比較沒問題呢。

千萬記得，還有思考力的，還有問題的，通常比較會沒問題。

溝了有通嗎？

做創意工作，最常遇到的就是溝通問題，因此我又請問唐鳳對話的可能方式。現代的溝通工具繁多，但我們的溝通技巧並沒有跟著多樣化，反而凸顯了過往缺乏溝通的結果。明明台灣現在的空汙問題不是酸雨，卻常常遇到酸言酸語，我們一下子不知道要怎麼回覆，氣急然後事情就敗壞了。

有時候，我覺得這不是問題，因為大家願意把想法說出來。但有時候我又覺得是問題，因為大家說出來的並不是想法，只是責罵別人，甚至講人家說幹話的，自己不也在講幹話？沒有任何事因此有進展，沒有任何問題因此改善，只有你賺到讚數，但那些讚，真的有讓我們的生活變讚嗎？

更傷腦筋的是，往往有種極端的情況是，為了增添言語的戲劇性，舉了極端的例子，卻和正在討論的議題無關，邏輯推導錯誤外，只有辛辣刺激的話語。這時，難免你想指出對方的引喻失當，可是，對方會想舉出那樣絕對且偏狹的比喻，前提就是想吵架引戰。那你的論述，很多時候，也可能跟著往錯誤的方向去了。

最傷的是，你一整天情緒大壞，想做點什麼的動力也變得沒什麼了。你不是想爭取對方認同，只是想說明自己的想法。但錯誤爭吵的結果，對方的不認同，卻輕易把你變得跟他一點也不同，因為你什麼都沒法做了，你只是跟對方一樣在鍵盤上耗費能量。

這當然只是過渡時期的現象。過去我們不常表達意見，現在可以了，卻一下子不知如何發表，只能檢視別人的不足，卻說不出自己想做什麼。或者，誤以為世上只有一個標準答案，要是別人對，自己就是錯，這種二元對立，其實也是戕害創意最大的凶手。

照理說，房間裡有幾個人，就該有幾種想法。沒有的話，表示有人沒在想，表示這個房間的創意產值不佳。

對組織言，最可怕的狀況是，因為溝通問題，所以大家就乾脆不溝通，免得有問題。而不溝通，也不會怎樣，其實就是衰敗的開始，因為不溝通，就不需要提出新想法，就不需要想。

不想的組織，嗯，後市看壞，很不祥呀。

而不想的個人呢，抱歉，就是不詳，對老闆而言，你就是姓名不詳，你對他無用處。

換言之，溝通問題，是現代創新能力的一環。

溝通不只為了交換想法，而是創造想法。

三個字的意義

唐鳳談溝通，假如對方一百個字裡有三個字有意義，那就回應這三個字，剩下那些也許是謾罵、情緒性的發洩，就不必特別回應。但你可以有建設性、有條理、有善意的回應那三個字。一次兩次後，對方就知道跟你對話必須講得出東西，因為你只回應他有意義的東西。

我聽了覺得很興奮，深感有用。我清楚唐鳳不是要我們摒除情感因素，而是對方的壞情緒，你理解就好，在那上頭打轉，無法幫助事情前進。但對於有想法的意見，或者理性的觀點，卻願意積極且高度重視，那就會有個很明確的對話基準，這場對話就很容易導向有效率。

回應經過篩選後的理性對話，較能解決現實問題，好讓我們的感性需求被滿足。

我做為一個高度仰賴感性訴求的創作者，其實非常認同。所謂的感性，不是十六個字問候人家父親娘親的髒話字眼，那多少有種語彙缺乏的問題。感性應該是要能夠解決理性問題，並在經過理性的脈絡後適切抒發，好讓對方理解並感受後被影響。

沒有影響力的感性，一點也不酷。

不曾思考過影響力的感性，更是有種不恰當的驕氣，彷彿我的情緒就是全世界欠我的，全世界都該為我的心情負責。就算是兩歲孩子都知道這樣很遜。那只是在撒嬌，並不是對話。

面對這世界許多喧鬧的撒嬌，你識字嗎？

你可以看出對方哪幾個字有意義嗎？

這也是，大人的功課。

壞球不打

以前就聽過，壞球不打，不單是棒球術語，也是溝通很重要的法則。壞球你再怎麼用力打，都很可能出界，甚至只是被接殺。

放到溝通裡，就是當對方的話語已偏離，或者只是個人好惡的抒發（通常只有惡，沒有好），就可以放過，等下一顆好球，再猛力揮擊。對啦，這就是差別，如果你對壞球和好球的反應都一樣用力揮，你一定不會是個好打者。

不會選球的壞處，不單是你無法上壘，而在於你和創意團隊的互動。當你總是在回應對方的攻訐時，對方也會變相地被鼓勵，不斷投出壞球，久而久之，投給你的都是壞球，甚至是觸身球。可惜的是，現實世界裡，觸身球沒保送，你只會受傷，退出比賽。

好好選球，當對方挑剔你的 idea 時，你可以微笑，並客氣地請教，「那你覺得可以怎麼改？」

通常，對方這時會閉嘴，開始思考，因為你不是跟他爭辯你的 idea 的缺點，而是請他往下再走一步，一起思考可以怎麼調整，你就是把他爭取過來了。

畢竟，找問題容易，找答案較難。

當然，隱對白就是，「你那麼聰明有智慧，就把答案提出來呀。」不過這也不值得一提，應該說，非常不建議當面這樣說。假如說出這句話，對方也可以把這句話奉還給你。

當個選球的好打者，才有機會得到打點。

幽默風趣是創意人

這幾年來，我發現，有好創意成果的，不一定是很聰明的人，但通常會是讓你感到有意思的人。那是一種魅力，會驅使人拿出自己的好東西，讓人想在跟他合作時，一起做出作品來。

唐鳳有這種特質，也因此讓我去想，那是怎樣做到的。

我從唐鳳身上看到，愈嚴肅的事，愈要幽默。

他臉上帶著淡淡的微笑，說自己只有在睡覺時想東西，講起每個難題，似乎沒有太大情緒波動，不會過度放大問題，還分享遇到惡意的情緒性字眼時，都當作按摩，幫他把痛點按開。

他說，**不要玻璃心，最好變成強化玻璃**。

不管我提出什麼問題，他總是一臉輕鬆地想了想，清楚地一句話一句話慢慢說。跟他在一起我感到很舒服，也覺得自在，甚至想跟他一起工作，那一定很有意思。

我認為，就算這些是天生的，也可以在後天培養。抱著開放的心態，不帶成見的看別人的觀點，大量且恰當地讓善意被感受到，並且提醒自己適度的鈍化對批評的感受，不把資源浪費在惡意情感的漩渦，盡量以正面積極的態度，把解決問題當優先。

我不認為唐鳳的優點只有聰明，我還清楚看到他聰明的讓資源有效。他把反對者變成資源，他也聰明的不讓負面情緒影響他和團隊，更看到他聰明的讓幽默風趣成為吸引人的魅力。

我不禁想，如果一個聰明的人，都那麼願意調整自己，好讓創意對話發生，那我們這種不夠聰明的人，還總是要找人吵架嗎？

不過，千萬別誤會，他不是害怕衝突，他只是語氣和緩地講出他的想法，並且毫無畏懼，不害怕對方的激烈回應，總溫和切中要點的，伴對方前進。

我猜，他的衡量尺度很簡單，就是世界有沒有機會好一點。如果會，就那樣做；如果不會，就不要那樣做。

而當這個衡量尺度夠寬時，你就不太會去拘泥那種惡意且充滿個人情緒的話語了，雖然看起來他只是放大了衡量尺度，但奇妙的，也讓他這個體變得更好。

我也想像他一樣，聰明的，帶著微笑，

讓世界好一點，自己好一點。

強悍創作引路人是

洪震宇

自由作家。曾任《天下雜誌》副總編輯、創意總監與GQ國際中文版副總編輯。中年之後職業混亂、專業難以定義，開設說故事、提問與寫作工作坊，並擔任多家企業的創意顧問。

interview with　洪震宇

找出路，才有出息

和洪震宇對談，他是個奇妙的傢伙，讀的是社會學，做的是財經記者，編過《天下雜誌》的319鄉，又當時尚雜誌GQ的副總編輯，也是說故事工作坊講師。現在做的是引路人，專門幫地方、企業找出條新的路。

他當然是位創作者，但我覺得更酷的是，帶領人創作。

教人重新檢視自己，爬梳故事，問正確的問題，問出沒想過的答案，我覺得是我們這時代很需要的能力，也是我過往人生教育經驗裡比較欠缺的一塊，所以我非常關心注意他在做的。因為我相信，他改變的不只是大人，還會是孩子的未來。

他是個強悍的創作引路人，我尊重他，更希望，我們每個孩子都跟他一樣的有出息。

改變知識的取得，就是創新

他說，台灣在設計的形式上已相當專業，但在材料上的認識與應用，或許可再多學習。然而，不論形式或材料，設計的本質都是不變的，而且是可以大量、由下而上的。他還說，改變社會，才是真正的創新。

日本創意大師小山薰堂曾提到日本的「企劃構想學系」，這種不分科的跨領域學習，在現今是很重要的。所謂創作，就是要先有創，再有作，從小問題開始、從執行面對，勇敢挑戰、承擔風險，必須親手做了，才懂得大問題，才知道如何解決。

其次，就知識而言，則分為內隱知識和外顯知識。外顯知識是教授而來，內隱知識，或稱靜默知識，是由實作而得。實作經驗夠了，便可使其系統化，針對不同的對象溝通、調整，就成了該方面的創新，在商場上就成了生意。

常說創意就是冒險加上風險，要有天時、地利、人和，要從未來找到現在可行的機會，然後努力找資源。這過程很難，很難，所以完成時，會想辦法讓計畫可以在地生根，讓組織深化、能力提升，讓組織裡的成員，即使是阿公阿嬤，都覺得被肯定、覺得自己的專業被看見。

你今天問了什麼問題？

以前聽說猶太人的家庭，當孩子放學回家後，爸媽不是問你今天考幾分，而是問你今天問了什麼問題。

我常意識到自己有許多可惜的地方，比方說，求學時期沒有大量發問，就是其一。長大後進職場，剛開始也沒意識到，直到某天突然開竅，觀察到厲害的創意人都很會把自己掏空，甚至裝得什麼都不懂，隨時可以跟人聊天，不管高官顯要或販夫走卒。

以我當時的震撼程度，大概就是絕地武士第一次使用原力移動了牙籤。雖然微不足道，卻影響深遠。從此，我就知道，**問才有思考，問才有得學**。當上創意總監後，更發現，我每天主要的工作，其實就是問三個字，「為什麼？」

「為什麼人家要聽你說？」「為什麼你覺得這值得你來說？」「為什麼這件事必須要讓人知道，知道了對他有什麼好處？」「為什麼這件事必須要讓人知道，知道了對世界有什麼好處？」「為什麼你會變成這樣？」我有時也會給自己一些提問。

答案很重要，答案也不一定絕對重要。因為答案不一定非得永遠是世界認定的標準答案，而是有問就表示你有在思考，表示你正在使用大腦裡那灰白色的皺褶部分。

有在想，比有正確答案重要。

人生的執行長

洪震宇也提到，如果你是自己人生的執行長，那麼你對自己這個企業，必須做五年、十年的預想，對未來的準備，利用百分之二十的時間，多些對不同領域的好奇與問題意識；熟稔的那百分之八十，則必須藉由遇到阻礙來成長。

正因為沒有人知道你會做什麼，因此每年都歸零，擁抱所有的不確定。錢會貶值，能力會增值，應該要投資一些時間在與錢無關的事情上，創造價值。不要只對一件事太專心，要適時分心，**許多成功都是來自於意外，但前提是要看得見那個機會。**

時間寶貴，必須能快速與人深入交流，才能學習，並運用減法，捨棄旁支末節。讀書是一種方式，但讀的時候要自己出問題、自己解答，不要沒有目標的漫讀。聽演講，能吸收他人寶貴的經驗，上台說話，則可以傳承，但注意不要為講而講，不是把話講完，問題就解決了。

最好是能做自己喜歡的事，又能幫別人自我改變，而不只是改造別人。助人改變，比改變人厲害。

運動你的核心肌群

洪震宇也鼓勵自由工作者，因為時間被切割、沒有固定業主，所以要很自律，在有限時間內完成最有效率的事。比如他擔任企業文案指導的顧問，整理企業內部資料，必須先花大把時間讀大量資料，再把這些資料寫成能被人讀懂的三千字論述，然後依企業要求簡化成綱領、文案，讓企業內部的人與客戶可以遵循。

而最重要也最難的部分是在一開始所做的，把本質弄清楚。本質清楚了，接下來就只是形式的變化。因為再怎麼變，都還是不失精髓，脫不了那核心。

我聽了心有戚戚焉，更覺得這不單是自由工作者要思考的，而是每個現代人都要努力思考的。

如果你覺得，只要老闆給你的工作做完了就好，那你就完了。

你該思考的是，這工作到底會帶給世界什麼，而那個「什麼」，才是核心，才是你要去奮力對待的。這和你在組織裡哪一個階層無關，這是基本動作，是單兵基本教練，是核心肌群。

核心肌群，決定你的運動能力。

你不理核心，你一輩子都不會成為核心。

時間是最強勢的貨幣

從小在組織裡，深知自己屬於怠惰和輕易放過型，總覺得面對規定不要太認真太用力。

但，那是指對別人給的規則標準評分方式。

人生有限，不必為別人活，反正他們也不會跟你去死，開心快樂比較重要。

不過，若說起對待自己的人生，我就覺得要格外認真。比方說，已經決定蹺課，那就好好玩，要玩就要起勁，要玩就要讓有去上課的同學感到羨慕嫉妒，要玩就要讓選擇不去上課的自己感到值得不後悔，不然就不要。因為，要玩就要認真的玩，因為開心快樂比較重要。

有意思的是，我發現創意也是如此，並不一定要靠巨大的規模，但一定要快樂，創意本身可以很有彈性，但那快樂不是來自於彈性，而是來自於自己認真的對待。

創意不是單方面的給予，不是可以被教導而來，創意之所以快樂，是建立在自己認真的去面對問題，然後找到自己認同的解決方式，並且不管最後成功或失敗，都覺得自己是投入的，是有用的，是一個完整的人，不必依賴世界。

在成為一個「完整的人」的過程中所得到的快樂，是真實的，是大過金錢的。這也是為什麼必須在商業、公益之間，讓品牌核心和我們真正生存的環境做連結，彼此影響、發揮效應。

因為時間是最強勢的貨幣，得在有限時間裡，盡量讓自己成為自己尊重的人。

我也是這樣想耶

聽洪震宇講故事，總會讓我想說，「啊這個就我呀」。千萬別誤會我往臉上貼金，說自己跟故事裡的人物一樣有成就。而是說，我上次覺得結果好像還可以的創新，其實，就是靈光一閃，跟裡頭人物的某一瞬間想法一樣。（對，我只有一個摸悶，moment。）

震宇剛出版一本新書《機會效應》，充滿了這種靈光一閃。經過震宇兄的有效整理和歸納，並援引不同學者的理論，讓這些人生的總和被條理分析。以我來說，這本滿是靈光的書，根本就是金光閃閃。

讀到書中的 TOTO KING 從公司聘雇的死薪水水電工，到成為獨立接案並準時下班陪家人的自由工作者，就覺得我就是這樣，在公司時會想，只有這樣嗎？我在世上的價值只有這樣嗎？

並不是說公司會壓抑我的價值，而是，明明我不是公司，公司的想法也不能完全代表我的想法，那我自己真正的想法是什麼呢？還有，人們是因為我背後的公司有創意而認同我，還是因為我的想法有創意而認同我？我也很想知道。

另一個，是時間。

我想知道，當我老是把「沒時間」當藉口用久後，是不是真的有了時間後，就能做出自己認同的東西？唯有脫離公司的幫助和支持，實地創造自己的職場，才有辦法驗證。

可是，那也太冒險，所以我先拍片，去學學文創教課，也去大學教書，並且在感受到不足時，去讀研究所。一切的變化，都只是因為我很無聊的，想知道。然後，像騎腳踏車一樣，你發現你好像會滑行了，那就再用力踩，速度愈來愈快，你就靠自己的力量前進了，上路了。

有人會問，這樣不辛苦嗎？我不確定。

但是，我很清楚，不去做我會更痛苦。

有人說，那只是一時的衝動、莽撞。

我倒覺得，**一動也不動，從人生的尺度來說，更加莽撞**。

震宇兄抓住人心思裡的那些幽微，把旁人看似輕微的衝動，找到那時代將發生的撼動。

跟運動一樣的麻煩和……

震宇兄也愛運動，所以，他大概會接受我用運動來做個感受比擬。

我喜歡運動，但，難道我運動不會累嗎？不會喘嗎？不會每一步都想停下來嗎？不會覺得天氣那麼冷待在家比較舒服嗎？不會覺得天氣那麼熱待在家比較舒服嗎？不會覺得換衣服很麻煩然後還要洗澡再換衣服更麻煩然後吹頭髮很熱超麻煩嗎？

會的，這些都超麻煩的。可是不去做，我會更麻煩。

我會想，為什麼我不去呢？為什麼我不去跑一下呢？明明有一點空檔，而那空檔也沒做什麼，什麼也沒留下來。我會不斷地想，去做的我可能比沒去做的我來得好，來得快樂。

你選擇主動面對某事，並在其中或喜或憂，但不管哪一種情緒，都不再會是「這裡好差，我真不想待在這裡」，而是「這裡需要我來改變」，或者「原來這裡好差是因為我曾經好差」。

你上一次做運動做到滿身大汗氣喘吁吁，做到自己極限，覺得有夠辛苦，但還繼續用力拚命，是什麼時候？

如果有的話，那你上一次工作，像這樣，是什麼時候？

你為什麼對工作不用力，只想省力、省時間、省錢？

你為什麼對工作不像運動一樣，認真？

你為什麼對自己不認真？

跟你認真的

我覺得洪震宇有個奇妙的核心，就是認真。不管是積極主動地蒐集故事，還是總放大感官敏銳感受，抑或捲起袖子到第一線動手感受土地，我都覺得，這人，就是，認真。

你可以有很多藉口，「認真就輸了」、「我那麼認真，可是同事都偷懶」、「老闆給的錢一樣，我幹嘛不混一點」。我們都做過上班族，這些藉口都很正當。就是你抱怨時正當的藉口。

但對創作沒有幫助。

我認真跟你說，你的人生也是一場創作，你的樣子就是你的作品。

你花最多時間和力氣的地方，就會代表你，就會是你。

你抱怨，你的人生主題就是抱怨，你偷懶，你的人生主題就是偷懶。

你自己看得到這幅作品，就算你不想看。

我認真跟你說，想像掛在牆上的一幅作品，主角是你，主題寫的會是什麼？

我認真跟你說，這是你的機會，你來得及改主題，你來得及做出作品。

我認真跟你說，遇到這種認真的人，你會不自覺的想認真一下。

你身旁有這種人嗎？

你是這種人嗎？

運動你的家

比起運動家，我覺得運動你的家，對世界更好。洪震宇也是有相同信仰的人。那天下午他為了和我對談，放棄陪女兒參加桌球比賽的決賽。當我知道後向他表達歉意，他雖然說沒關係，早上已有陪女兒參加了比賽，但我仍舊感受得到做為父親的他想在場的心情。

這是一件很好的事。運動可以教給我們太多東西，說不定比某些教科書還多。單單以創意的領域來說，當你在比賽裡，你會思考如何適應對手，分析眼前變化的態勢，評估自己擁有的優勢和劣勢，並試著尋求出其不意的策略，尋求獨特的執行方式，好讓對手驚訝。再怎麼看，都是創意力的呈現呀。

洪震宇每天跑十公里，花一小時，跟村上春樹一樣。我想，那是創作者的意志力磨練日課。在一次又一次的想放棄裡，卻沒放棄，那會讓你更加相信自己，讓你變得比原來的自己強壯。而那強壯，將不只在小腿肌和心肺功能上。

我總搞不清楚該給孩子什麼，對於世界的變化更是感到困惑。但我相信未來能存活的，多半是運動的人，至少，他不會是最快被環境淘汰的，因為他還可以跑，跑給威脅追。

創意是智慧和勇氣

就跟運動一樣，創意力，很多時候是智慧和勇氣的結合。偉大的運動員，不會只是個力氣很大的人，他應該是那個有智慧能夠解讀情勢，並且有勇氣採取行動回應的人。

《聖經》故事裡，大衛擊倒巨人歌利亞，靠的就是創意。他把牧羊時用來保護羊群免於被狼吞吃的投石器，甩了幾圈後擲出石頭，打在巨人頭上。

有創意力，不一定就會是力氣最大的。但在面對力氣比你大的對手時，可以想到要去哪裡找工具，丟他。

看著我的女兒盧願，我會想要她學詠春拳，要她跟我一起跑步，要她跟我一起練自由搏擊，一起練TRX，一起練亂問問題。這些都不是為了成為多偉大的人，而是在時候到了，能夠面對力氣比她大的對手。

那對手，可能是調皮的同學、是變態，可能是陳舊的組織、不公平的制度，可能是，世界。

但沒關係，時候到了，就用創意、用智慧和勇氣，丟他，

你就不會丟臉。

用創意、用智慧和勇氣，

找到出路。

找到出路，在這總是需要刷存在感的世界裡，

你就有出席，更有出息。

厭世姬

那厭世動物園裡的

住在厭世動物園的一隻厭世的姬（雞），廢廢的，懶得洗衣服整理房間，懶得運動，懶得吃健康的食物，擁有很多粉紅色的名片，興趣是孵蛋。

interview with 厭世姬

面具下的厭世姬

與厭世姬的對談剛開始時，非常有意思，因為她戴著奇妙的面具，讓我一直得忍笑。但愈談愈不覺得好笑，因為，她戴著面具，但也沒戴面具。面具下的她，比很多人真心。

很多人雖然沒有戴上派對用的面具，卻已習慣在生活裡戴著面具。也許是自我保護，也許是好算計，總之，不輕易流露真實感情，假裝自己堅強無比，站在勝利的一方。

有時，那只是呈現自己的脆弱。

人們所認識的你，來自你心裡所驅動的話語和行為，所以不管面具上的你，是可愛可畏，是美麗還是醜陋，都無法隱藏面具下的你是怎樣的人。

厭世姬的作品，讓我看不見她的面具，卻看見真心愛世界。

緣起，園起

「厭世動物園」創作一開始，以厭世姬本人的說法是「亂畫」。我那時偶然在臉書上看到，就覺得這絕不會是亂畫。

她看似隨手塗鴉和朋友分享，以逗趣的動物搭配一小句文字，非常有深意，而且是高度的人性洞察，在當時苦悶的社會氛圍下，一定會有影響力。我實在忍不住，就私訊她，建議她把這當作品認真發展下去，一定可以出書，而且一定對世界有好的幫助。

我認為，她非常敏銳，甚至比許多廣告公司的 planner 更加掌握時代脈動。當時我就深信，她若完成作品，可以解決許多人心裡頭的悶，而那會比很多國家社會建設來得踏實有用，且一定可以減少許多社會問題。

台灣的批評太多鼓勵太少，大家都很會檢視別人的作為，卻不願意多給掌聲多給肯定。別人的美好作為明明可以反過來幫助自己，只要我們先大聲說聲「好耶~」。那個「好耶」最後會回到我們身上，就算沒有，我傾向相信，也不會因此「不好耶」。

結果，好耶~的是，她有把我的小建議放在心上。她持續創作，很有計畫和毅力的組織起來，帶著那種看透世界的殘酷，卻因此更加體貼人心軟弱的愛，創建了「厭世動物園」粉絲專頁。

厭世姬的厭世觀

想了解「厭世動物園」，最適當的方式，當然是去買一本《厭世動物園》來看。看著厭世姬的分享，我粗淺的觀察是，《厭世動物園》雖然字眼上看似厭世，其實比誰都入世，更在意世間情。

這裡聊個小事情。我在交通工具上不太能睡著。小時候是因為可以到想去的地方覺得興奮，因為可以看到不一樣的東西而期待著。開始工作後時常得到不同地方開會、拍片，我依舊無法入睡。後來跟好友林宗緯討論此事，他給了另一個詮釋，可能我對交通工具有不安全感。

想想其實也有可能。我的母親因為車禍差點離世，雖然幸運存活，卻也有了巨大的改變。連帶我們的家，我的人生，整個曲線有了大幅度的變化。我雖然沒有抱怨，卻無法否認這事在我身上留下極深的影響。

所以我在飛機上在車上在高鐵上，總是醒著。或許不是因為要去哪裡，而是我想多點掌握，多理解眼前現實環境的狀態，更不想在閉著眼的狀態下，被帶到沒有要去的地方。

就算我不是手握方向盤的人，我也想掌握自己人生的方向。就算失控，也該是我讓它失控，我不想再被別人決定我了。

我猜，這是自己也不曾聽聞的潛對白。

為什麼突然跳開談這個，因為，厭世姬跟我有類似的人生際遇。

她的至親遇到巨大變化，突來其來的，她也受到影響，彷彿石子丟入湖中，引起了漣漪，同心圓不斷往外擴散，直到湖邊。而她在同心圓的極內圈，受到最直接的侵襲。她應該也跟我一樣，有了不一樣的看法，對人生對世界。

當有人離世，你會思考生命。

當有親人突然離世，你會更加思考生命。

當有親人在你年輕時突然離世，你會更加認真思考生命，甚至，接近哲學家。

因為你被迫要解決自己的問題，若不解決，不容易前進。

這其實就是創意的開始。當它被具體成形，以某種藝術形式表現，而不單只是內心的獨白，它就是創作。

你有過去嗎？那，你就可以創作。

厭世的愛與被愛

請容許我又岔出去講自己。

我對很多事都表現得滿不在乎，愛亂開玩笑，胡說八道的時間比正經八百的時間多出兩倍。喜歡看人聽我亂講時認真的表情，更喜歡看人明白我亂講時恍然大悟開懷大笑的表情。因為這是在醫院陪伴家人面對生死關頭時，不太容易看到的。

我傾向有意識的讓它在生活裡發生，讓人大笑，讓人動腦後靈光一閃，覺得有趣而自然牽動嘴角。在多數人沒有住院但心境悲慘的世界，這是我安慰人的方法，也是我安慰自己的方法。

那就是幽默的力量，幽默可以勝過悲傷，雖然你依舊悲傷。

所以我刻意胡說，故意挑戰世俗框架，老是在嚴肅的場合裡開不合時宜的玩笑，並且自己笑得很開心，然後看那些忍住憋笑的最後忍不住笑出來。

《厭世動物園》以小學生都懂的字眼，卻深刻的筆觸，講述在時代裡面對不公最深刻的苦楚。我覺得這才是智慧，這才是作品，這才是有想法的人除了抱怨外，最積極的作為。

我覺得那是種慷慨，對人最良善的方式，因為知道世界殘酷，所以嘲笑這世界，好讓人好過些。它帶著點戲謔帶著點無傷大雅，但卻很清楚你正在一個辛苦的狀態，然後它善良地跟你站在同一邊，不只跟你自怨自艾，更超越自怨自艾。

它其實是一種自愛。

那是種愛，看似厭世，其實是很濃的愛。

愛，讓你能創作，且有影響力。

陽光愈強，陰影愈深

雖然我說台灣的批評太多鼓勵太少，但這時代還有種比批評更讓人厭世的，就是「鼓勵年輕人」。過分強調正面積極，卻沒有意識到給年輕人的待遇，愈來愈不正面積極。「厭世動物園」之所以廣受喜愛，可能跟它在這過度強調忍耐勤奮的過勞時代有關。

我常認為「沒有不景氣，只有不爭氣」，是一句不該給年輕人，而大人該給自己的話。我也認同台灣沒有不景氣，因為GDP經濟成長率始終是正的，每年都成長，從來沒有出現過負成長，表示經濟是在發展的，但薪資卻衰退到十八年前。來台訪問的經濟學家認為，這明顯是所得分配不均，是掌握資源的大人不爭氣，沒有分配給年輕人。

太多的正面鼓勵年輕人，卻不願正面看待年輕人的困境，更沒有意識到年輕人的困境是我們這些大人造成的。我們占據了資源並沒有良善使用，卻還大言不慚，一味用陽光積極的說法。這會讓人充滿陰影的。

當你鼓勵的話語愈光明，愈凸顯你不在乎且未察覺到年輕人所在環境的黑暗，你的陽光，讓他的陰影愈深。這絕對是現在年輕人為什麼不斷談論「世代正義」的原因。

關注陰影，其實凸顯了光明。

創意的內部溝通

世代明明不需對立。我的每個前輩都說他們當年也被前輩嫌不夠認真努力。畢竟時代不同，接收的資訊差異，讓人對於事件採取行動的判斷不同。價值觀不一致，更是理所當然，實在沒有必要因此變成仇恨，這對這社會太不經濟了，如果你很在乎經濟的話。

面對彼此的想法不同時，溝通變成必要，而且是具藝術性及高度市場價值的工具。這時需要的不是虛偽的話語，更不是假意的拍肩，而是誠實的幽默。這就是我認為「厭世動物園」會被大家喜愛，同時有好影響力的原因。

用愛心說誠實話，其實是很久以前的一本書裡教人的道理。雖然已經過了幾千年，我仍舊覺得非常有用，而且這有用不是在籠絡關係，是對整個時代有用。

我總覺得，現在網路的對話文化，酸不會是問題，但不夠有效。

對話應該要能夠有效，而要有效必須對方聽得進去，否則，你回想小時候媽媽一直念的內容，你記得幾分？更別提國小時和鄰座吵架時你來我往但沒營養的罵人話語：「你神經病／你才神經病／你老豬病／你大頭病／你全家都生病／沒你病得重……」，到底有幾句能記得住呢？

從創意人最需要的內部溝通來說，你有很棒的想法，但別忘記，當對方理解前，只有你覺得很棒。你若自以為誠實覺得對方很笨，於是放聲批評他人，那你才笨。

因為對方沒機會對你的創意有反應，他們只對你的酸言有反應，你謀殺了自己的創意機會。

誠實很好，但沒愛心，你只有傷害。

要用愛心說誠實話。

愛，是你的創意夥伴

剛聊到長輩無視年輕人苦，反過來說，年輕人用酸言酸語攻擊長輩時，也是無效溝通。

誰看到酸鹽酸雨不會閃呀？當對方側身閃躲時，你費了半天寫的創意但充滿惡意的文字，一個也無法擊中對方，那又何必。你和你攻擊的長輩，到底又差在哪裡？你對他沒有愛，跟他對你一樣，你們都一樣。

你沒愛，對方無法見識到你的創意。

當「厭世動物園」以趣味的話語，誠實講出年輕人每天的辛苦時，不只同輩年輕人心有戚戚焉，長輩也會在哈哈笑看著豬認真烤香腸時，意識到這是一種來自靈魂深處的求援，因此更多點體諒。當然，伸出援手是未來的事，不過至少可以「同理心」，總比剛硬無比金屬中毒的「銅鋰鋅」好。

愛，是你的創意夥伴，更讓你找到其他夥伴。

這是我們創作者應該要學習的，誠實面對自己，誠實面對世界，並且用恰當的方式，讓世界知道你的想法。這就是創作，這就是有意義的創作，就算只是幾個筆畫、幾句簡單話語，沒人可以輕視你，因為你用心，幾個筆畫就跟畢卡索一樣，幾句話語就跟現代詩一樣，只要有真心誠意在裡面。

看著厭世姬，我很尊敬，而這只是她眾多分身中的一個，眾多創作中的一小樣。

我期盼自己跟她一樣，充滿創意，不吝分享。

她是真正的創作人，用愛厭世，不離世。

龔大中

無法定義的創作者

輔仁大學廣告系畢業，現職台灣奧美集團執行創意總監，做過全聯福利中心、味丹多喝水和 NIKE 的廣告，得過一些廣告獎，同時也是導演、大學講師、作詞人、專欄作家和跑者。

interview with 龔大中

多方位的創作

大中做為我多年好友，一直也是我很尊敬的創作者。他的創作多樣，幾乎無法定義，作詞、寫歌、拍片、教書、演講、廣告、專欄、寫書、練樂團、跑步……我猜，就算那麼認真的羅列，一定還是有遺漏的。因為說不定，就在這一刻，他又做出了別的。

注意哦，我是說，做出，而不是想做。

我們多數人都很有創意，但不一定有創作；都很有想法，卻不一定有做法；都很會講，但不太會讓講的實現。

我猜，這是我們和大中最大的差別。

他的時間跟我們一樣多，或者，該說一樣少，甚至，搞不好比我們一般人更少。（你總不會覺得在廣告公司當執行創意總監，很閒吧？）

創作或創意？

大中提到，去坎城創意節回來和同事分享，過去廣告公司都在討論 what to say，但大中認為，應該調整為 what to do，這可能已經成為全球創意產業的潮流。你說什麼已經不再重要，而是你在自己的位置上，用有限的資源做了什麼。所有人都在投入思考要解決什麼人類問題，要用什麼方法加以改善，而不再像過去，只停留在要說什麼的傳播目標。

他認為，與其談創意，不如談創作。

我也深有同感。創意人人有，創作就未必人人有了。而且創意或許只停留在腦中，創作非得進入真實世界，真的具有影響力，真的去改變世界。

要做出來才有價值，要解決問題才有影響力，創意不是在評審會議時影響評審而已，而是在生活裡實質成為幫助，在人們的世界裡提供安慰，在現實世界裡存在並改變現實。

廣告的原點，其實是非常實際的，有效去改變閱聽者的認知和行為，只是我們常常沒做到，或者不清楚自己是不是做到了。久而久之，忘了這其實是一個實際無比的行當，該關注的是「實質影響力」。

時代的進步，也讓很多東西變得透明起來。與其尋求讓自己感到虛幻無比的空名，不如靜下來，仔細觀察自己，到底想改變什麼，回答了哪些問題，並且回頭看看自己的足跡，到底印得深不深，到底這一路走來，是替別人開路，還是，只是抄近路？

或者，其實無路可走，只是原地踏步，卻誤以為正在前進？

你的影響力如何，誠實面對吧。
那才叫實力。誠實，你才會有實力。

一定要很快？

大中做了很多事，很多不一樣面相的創作，於是自然產生的推論就是，大中的動作很快，因此才能在那麼少的時間裡做出那麼多事。不過，這個推論，可能是錯誤的。

在當代效率掛帥的時代，我們總是彼此要求得要快一點，好像快就可以解決一切問題。不過，要是只有快，不一定做得出東西。

甚至，可能因為目標是快，所以其他需要花時間去做的事，在開端就會被排除掉，不論那件事多麼有意思。

快背後的意義，可能是容易做，不必花費精神力氣思考，容易重複，容易被複製，進入門檻低。容易做，但留在世界的意義也低。

這樣說來，只貪快，是不是也是得要小心的概念呢？

我的觀察是，大中的想法可能很快，但你不會形容他日常生活的步調很快，說起來，甚至算是比較慢的。但他會去做他想做的，持續的做。

我從沒看過他一臉慌張說要趕著去哪裡。他總是一派從容，說等等還有個會要開，結果那會議其實重要無比，可能是跟跨國集團客戶的大主管談案子，他卻悠然自得，毫不緊張。

創作，就像他運動，不論晴雨，他一定出現，一定到場。

我認為他不是做得快，他是有在做，做他想做的。

而我們多數人是說，說我們想做的，而且說完就結束了，沒有去做，就算去做，也只是有做，做一天，做一週，做一個月。

大中則是，去做，一直做，不張揚的做，不慌張的做，調整好呼吸的做，持續的做，做到根本不覺得自己在勉強，不只自動自發，而是做到自然，做得自然，做得像大自然一樣自然。

不管是寫書、寫歌、練團、想idea，就像他跑步，都是一步又一步，不會特別快，也不會突然慢下來，就是恆定的速率，一步一步前進，呼呼吸，呼呼吸。

創作就是這樣，不是嘴巴創作，是身體創作，是每天露臉，每天到場，每天做你想做的，不以為苦。

看著大中，我學到，你唯一要放棄的，是放棄。

不是有空去做，是做了就有空

我自己對創作的理解，有點接近，不是找時間有空再去做，而是把它當作你的生活，你要吃飯，你要喝咖啡，你要上廁所，那，就把創作當成這樣的活動，日常且必要，持續不中斷。試想，一天不要吃飯，不要上廁所，你是不是會覺得很不自然呢？

有意思的是，通常是當你去創作了，你會發現，原來自己有許多時間；什麼都不做時，反而找不出任何時間來。

更精采的是，當我有很多創作同時發生、同時進行時，我反而會更有效率，反而會更有想法，反而有更多創作的產出，非常奇妙。

說起來，問題真的不在缺乏，你隨時可以找到比你缺乏資源、缺乏時間的人。以我為例，我現在就是用一隻手在打字，因為女兒掛在我身上，想要我抱，剛玩完積木的她想看我在寫什麼，她也想寫些什麼。所以，只剩一隻手的我，還得不時擋下她在鍵盤上飛舞的手。所以，這本書不但是獨力完成，也是獨臂完成。

我們多數時候不是沒時間做，而是沒去做。問題不在你多快，而是，你在場嗎？

不要有空才去做，你不會有空的。你做了就會發現，自己原來有空。

誰願意去教書？

談起時間安排，那容我分享，大中在大學裡教書，已長達十一年了。

目前台灣廣告界傑出的創意人在學校教書的不多，大中是其中之一。有幾次我有幸去他的課堂分享，我總不忘提醒學生，「你們比我幸運很多，我讀書時，並沒有龔大中來教書。」

是的，多數廣告系的老師，並沒有廣告實務經驗，尤其是負責最後產出的創作經驗，更是非常獨特，值得傳承。多數創意人因為忙碌，因為工作，因為時間，因為種種因素，很少演講分享，更別提教書。

基本上，這是個需求和供給有點背離的現象。

而大中已經教了十一年，他教過的學生，一年假設一百位，就有近千人能夠在進入職場前，理解廣告公司的實際運作，感受廣告創作的殘酷辛勞，更重要的是，可以看到一個優秀的廣告人，站在面前的樣子。

對，我小時候知道孫大偉，但要遇到尊敬的孫大偉，總要到廣告公司去才行，我很難在學校裡就遇到大偉般的老師，點亮我。

我覺得，大中在台灣廣告業界的影響，不只在每年拿很多國際大獎，而是他願意花他稀有的時間，去學校教書，陪伴學生，讓他們知道廣告創意人長什麼樣子。

這種願意，是種樣子。

沒錢賺的，比較有價值

我也受他影響，去學校教過幾年書，也才知道那有多不容易。這樣說好了，上課假設兩小時，但前後的兩小時，總要交通往返，每週至少一個下午的時間沒有了。那對於繁忙廣告工作的我們而言，其實是非常困擾的。

不信，你問幫我們安排會議拍片行程的，都知道，這樣怎麼排會議？

更別提排不進時間的工作，並不會消失，只會占掉其他時間，就是一般人已經下班回家休息的時間，我們得付出。我跟學生說，你下課就下課了，可以約會看電影，大中可是還要回公司上班。

曾經有製片略帶抱怨地問我，「導演，你去學校教書，賺的錢很多嗎？」

我只能微笑，因為，學校的鐘點費，實在不能跟在業界已有一定實績的我們的薪資相比。

甚至，因為學校地處偏遠，家人算過，那鐘點費可能連油錢都不是很夠哦。

這樣說來，有一個人，他在教書上賺不了錢，又得耗費大量時間來回，而他的時間也是最少最珍貴的，他賺到的，一定是價值，一定是比錢還大的東西。

他一定清楚，比錢大的價值，是什麼。

我很敬重他這點。

這也會反映在他的作品上，他作品的價值，勢必要比其他人巨大。因為其他人不一定明白的價值，他已經在實踐了。

他的作品價值，一定比錢大。

你的呢？

要正直

我也發現，大中嘴上不提，但從他作品的脈絡，可以清楚感受到的溫暖和人性，就能意識到，他人如其名，大中至正，極為正直。

從過往在公司和他相處就知道，曾經有人說他是「八卦絕緣體」，他對八卦沒興趣，不愛討論也不愛傳，甚至有種說法，「任何小道消息，只要龔大中知道，那表示全公司都知道了。」這樣一個八卦消息的反向指標，其實多少和他的性格有關，同時也影響他的創作。

他寫的歌，就算是情歌，都是給地球愛的歌；做的廣告，就算是大賣場，關注的也是青年人在這貧富差距激烈、金錢掛帥的時代，如何自處，如何自豪；就算休假都有計畫，用創意創造一個蘭嶼的旅遊景點，邀人去參觀，結果卻是外來人留在島上的垃圾堆。

蘭嶼咖希部灣

他有他的堅持，但不輕易用嚴肅話語陳述，而是用溫暖、體諒的方式對話，也和他平常待人處世一樣。

創作是種特權，你給自己的特有權力，你替自己捍衛，並且努力保有守護的權力。也因此，這麼美好且得來不易的權力，應該要慎重，選擇要做什麼，也是創意的重大決定。

我相信，作品是反映個人內心價值觀的，在作品上假裝聰明的，就是在生活裡假裝聰明的，在作品上真心誠意貢獻智慧待人溫暖的，在生活裡也會是。

反過來說，想要作品給人溫暖觀感正直良善，基本上，你的生活也該如此。那些精巧的算計，只有在技術上可行，在宏觀的策略選擇上，只有正直一途。

作品想要好正，人品先要好正。

在生活裡的細膩

大中每部車都有名字，藍戰士、黑狗、大銀家一世、大銀家二世、黑森林，雖然聽來很北七，但他是真的付出感情對待他們，如同家人一般。我後來領養黑狗，在照顧我的時候，遇上了意外車禍，進廠維修。我們還利用公司午休時間，帶著一台手提放音機，去車廠放 *I Will Survive* 這首歌給他聽，希望他復活。車廠裡的技師們躲在角落，邊吃便當邊看著我們，臉上的表情似乎有點害怕，深怕廠裡來了奇怪的人。

從這可以窺見，大中不單對人用情極深，看待東西也不只是東西，不只擬人化，而且是當作生活裡的重要夥伴關心，難怪他的作品通常有種深刻況味，就算是輕鬆幽默，總是不脫人味，毫不冷酷。

我並不是建議每位創意人都要像我們這樣對待器物，而是用心。

在快速節奏的現代，我們難免不用心，因為用心有點花時間，用心有點花力氣，我們都很累了，可以不要每件事都那麼認真嗎？

不過，我倒是想多問一句，如果你被迫在工作上對你不感興趣、甚或不完全認同的事非常認真，那你為什麼對和你最親近的人、物，要不用心呢？那不更該是你在意的嗎？

而且，很可能你在工作上的在意，也無法太投入，連帶也影響你創意的產出，這是很可惜的，只因為不習慣用心，放進感情。

我們都知道不要過度投入感情，避免受傷。但，經年累月，在專業的訓練下，在職場的折騰下，在人性的試煉下，我們會不會，也變得過度的不投入感情？

這當然值得思考，畢竟，你連在意的都不在意了，別人也不太容易在意你。

度量衡的重校正

大中和我，某種程度也算難兄難弟。不只在生活裡常鬧笑話，也較一般人早面對家人的生離死別，或許，有些人視為不幸，我自己倒看做祝福。

或許因此比較早熟，更加關注身旁的人情，也更理解到底在工作裡要投入多少情感，才是值得，才是恰當。

和家人面對不捨的那些時刻，你的度量衡真的會被精細地重新校正。

你會知道輕重緩急，知道什麼是「天要塌下來了」，什麼才是真的「要死了要死了」。（我覺得，工作上常喊「要死了要死了」的人，都不太會死。）

從大中身上，我又延伸想到，我曾被尊敬的業界長輩說「有支很細的筆」，那時還聽不太懂，只知道我是把我看到的人情寫了出來，也不知道為什麼我會看到，我會感知到，只是，我覺得，那是該關注的，那是該被寫出來的。好像是那件事自己告訴我，應該要被看見，應該被說出來，因為我有強烈感受。

後來，我才知道，那個感受，就是那性命交關的時刻，就是那會觸動我的神經線，會觸動我的淚腺，會讓我提筆，會讓我想把它拍出來。

每個人的生命經歷不同，可是，我相信心裡的度量衡是不斷在校正的。上次聽到一位政壇大前輩說，根據調查顯示，人民關心參與政治的年齡，並不是第一次獲得投票權，通常是有了第一個孩子。這時，不再是孑然一身瀟灑度日，而會開始考慮關心現實環境的不公義、世界將如何變化。

如果可以，我倒希望大家都健康平安，只要用心，只要心意隨世界更迭而變化就夠了。

也許真正的命題是，如何不需要面對命運苦難，卻能體諒理解別人命運總有苦難，並且願意張開雙臂，隨時準備給對方一個擁抱。

當你這樣思考，世界也準備給你的作品一個擁抱，一如世界對待大中一般。

雖然經歷愈多，感觸愈深。

但願經歷不多，感觸良深。

願大家都是有心創作人。

國家圖書館出版品預行編目（CIP）資料

創意力：你的問題，用創意來解決／盧建彰作. -- 初版. -- 臺北市：遠見天下文化，2018.05
面；　公分. --（工作生活；BWL064）
ISBN 978-986-479-469-0（平裝）

1. 廣告創意　2. 廣告寫作

497.2　　107007136

工作生活 BWL064

創意力

你的問題，用創意來解決

作者 — 盧建彰 Kurt Lu

總編輯 — 吳佩穎
責任編輯 —陳怡琳
美術設計 — 三人制創

出版者 — 遠見天下文化出版股份有限公司
創辦人 — 高希均、王力行
遠見・天下文化・事業群 董事長 — 高希均
事業群發行人／CEO — 王力行
天下文化社長 — 林天來
天下文化總經理 — 林芳燕
國際事務開發部兼版權中心總監 — 潘欣
法律顧問 — 理律法律事務所陳長文律師
著作權顧問 — 魏啟翔律師
地址 — 台北市 104 松江路 93 巷 1 號

讀者服務專線 — (02) 2662-0012 ｜傳真 — (02) 2662-0007；(02) 2662-0009
電子郵件信箱 — cwpc@cwgv.com.tw
直接郵撥帳號 — 1326703-6 號　遠見天下文化出版股份有限公司

內頁排版 — 張靜怡
製版廠 — 東豪印刷事業有限公司
印刷廠 — 柏皓彩色印刷有限公司
裝訂廠 — 中原造像股份有限公司
登記證 — 局版台業字第 2517 號
總經銷 — 大和書報圖書股份有限公司｜電話 — (02) 8990-2588
出版日期 — 2021 年 2 月 23 日第一版第 4 次印行

定價 — 380 元
ISBN — 978-986-479-469-0
書號 — BWL064
天下文化官網 — bookzone.cwgv.com.tw